后发地区农村电子商务发展成效测量、评价与推进路径

——基于粤东西北 23 个国家级电子商务进农村综合示范县实证研究

王晓晴 著

北京理工大学出版社
BEIJING INSTITUTE OF TECHNOLOGY PRESS

版权专有 侵权必究

图书在版编目（CIP）数据

后发地区农村电子商务发展成效测量、评价与推进路径：基于粤东西北 23 个国家级电子商务进农村综合示范县实证研究/王晓晴著. --北京：北京理工大学出版社，2022.9

ISBN 978-7-5763-1730-5

Ⅰ. ①后… Ⅱ. ①王… Ⅲ. ①农村-电子商务-研究-广东 Ⅳ. ①F724.6

中国版本图书馆 CIP 数据核字（2022）第 173298 号

出版发行 / 北京理工大学出版社有限责任公司	
社　　址 / 北京市海淀区中关村南大街 5 号	
邮　　编 / 100081	
电　　话 / (010) 68914775（总编室）	
(010) 82562903（教材售后服务热线）	
(010) 68944723（其他图书服务热线）	
网　　址 / http：//www.bitpress.com.cn	
经　　销 / 全国各地新华书店	
印　　刷 / 三河市华骏印务包装有限公司	
开　　本 / 787 毫米 × 1092 毫米　1/16	
印　　张 / 11.25	责任编辑 / 孟祥雪
字　　数 / 166 千字	文案编辑 / 孟祥雪
版　　次 / 2022 年 9 月第 1 版　2022 年 9 月第 1 次印刷	责任校对 / 周瑞红
定　　价 / 89.00 元	责任印制 / 李志强

图书出现印装质量问题，请拨打售后服务热线，本社负责调换

前　言

改革开放以来，工业经济高速发展推进生产要素和人力资本进一步向大城市聚集。大城市出现了超负荷的"拥堵"，而农村则面临产业边缘化、空心化等问题。当互联网的春风吹过中国大地的时候，农村电子商务应运而生，且备受瞩目。

在传统发展情景下，农村交通不方便、信息不畅通、劳务报酬低等促使大量农村青壮年劳动力进大城市务工。电子商务使得农村可以通过互联网和大市场紧密联系起来，农民可以通过"不离土、不离网"的方式来实现在家乡安居乐业代替背井离乡的工作和生活模式。通过农村电子商务，农民可以在乡村从事城市的职业，农村地区也有望依托电子商务信息化带动工业化的方式，实现跃迁式发展（许婵等，2015）。国内山东曹县、江苏睢宁、揭阳军埔村等农村电子商务先行区已经将跃迁化发展变成现实。作者在揭阳军埔村调研时，看到不少当地妇女一手抱孩子，一手在电商档口算账，男性则负责拿货送货，一幅令人动容的安居乐业画面。江苏睢宁沙集镇在电商产业园带动下，当地居民生活条件已经与城市毫无差别。

广东省经济总量连续 31 年居全国第一，然而两极分化态势也非常明显。在"虹吸"作用下，珠三角地区经济富可敌国，粤东西北地区的农村贫穷程度甚至超过中西部地区。在此背景下，广东非常重视农村电商对粤东西北县域的带动发展，先后制定了多项政策和资金扶持，推进粤东西北 42 个省级和 27 个国家级电子商务进农村综合示范县建设。

根据阿里巴巴研究院数据显示，广东农村电子商务发展在全国属于领先水平。至 2020 年，全省的淘宝村数量已经达到 1 025 个，位居全国第二。目前国内已经总结出江苏睢宁、浙江遂昌、陕西武功、河北清河、吉林通榆等农村电子商务发展模式。广东人以勤奋务实著名，作者曾经评审英德市国家级电子商务进农村综合示范县相关材料，300 多页的农村电商实践材料，令人叹服。相比之下，广东农村电商发展的经验总结和学术理论研究却显得落后。2020 年之前中国知网广东农村电商发展相关文章不到 10 篇，这显然与实践发展不相称。因此本研究目的有两个：其一是为广东农村电商学术理论研究增砖添瓦，其二是服务于广东省电子商务进农村综合示范县项目的实践。

需要指出的是，书中第六章农村电子商务评价县域农村电商规模数据部分，作者曾通过各种方式萃取数据，但个别县域因为原始数据没有抓取，无法提供，故只能使用平滑数据代替。由于时间仓促，加之水平有限不足之处，敬请读者谅解和批评指正。

编　者

目 录

第一章　中国农村电商发展历程 ………………………………………（ 1 ）

　　一、萌芽期 1995—2005 年 …………………………………………（ 2 ）

　　二、探索期 2006—2009 年 …………………………………………（ 3 ）

　　三、发展期 2010—2012 年 …………………………………………（ 4 ）

　　四、成熟期 2013—2015 年 …………………………………………（ 4 ）

　　五、繁荣期 2016 年至今 ……………………………………………（ 5 ）

第二章　国家农村电商发展支持政策 ……………………………………（ 11 ）

　　一、中国"三农问题"突出 …………………………………………（ 12 ）

　　二、国家农村电商支持政策演进 ……………………………………（ 14 ）

第三章　全国农村电商"五大模式"经验 ………………………………（ 33 ）

　　一、浙江遂昌模式——本土协会和服务商驱动 ……………………（ 34 ）

　　二、吉林通榆模式——外包服务商驱动型 …………………………（ 38 ）

　　三、江苏睢宁"沙集模式"——农民网商驱动型 …………………（ 46 ）

　　四、陕西武功模式——集散地＋龙头网商 …………………………（ 49 ）

　　五、河北清河模式——产业＋互联网 ………………………………（ 53 ）

第四章　广东农村电商发展概况 …………………………………………（ 58 ）

　　一、广东区域经济发展呈现不平衡特征 ……………………………（ 59 ）

　　二、广东淘宝镇/淘宝村发展情况 …………………………………（ 61 ）

三、广东省农村电商发展阶段及政策……………………………………（68）
　　四、广东农村电商发展政策………………………………………………（71）
　　五、广东省国家级/省级电商进农村示范县项目………………………（75）

第五章　农村电商发展绩效评价指标构建及评价方法………………………（80）
　　一、农村电商发展绩效评价文献综述……………………………………（81）
　　二、评价指标体系构建……………………………………………………（87）
　　三、评价方法及步骤………………………………………………………（92）

第六章　广东农村电商发展绩效评价实证分析………………………………（95）
　　一、描述性统计分析………………………………………………………（96）
　　二、KMO 和 Bartlett 球形检验……………………………………………（98）
　　三、公因子方差提取………………………………………………………（99）
　　四、主成分提取和权重确定………………………………………………（100）
　　五、综合绩效评价…………………………………………………………（107）
　　六、聚类分析………………………………………………………………（108）
　　七、广东推进示范县农村电商发展路径建议……………………………（113）

第七章　农村电商"英德模式"的发展经验总结……………………………（116）
　　一、英德市农业经济状况…………………………………………………（117）
　　二、英德市农村电商发展阶段……………………………………………（118）
　　三、借鉴"五大模式",探索英德市农村电商发展路径…………………（124）
　　四、英德市农村电商未来发展探讨………………………………………（128）

第八章　农村电商揭阳"军埔村"模式发展经验总结………………………（131）
　　一、揭阳"军埔村"农村电商的发展阶段………………………………（132）
　　二、揭阳"军埔村"农村电商的发展经验总结…………………………（134）

第九章 农村电商发展分类探索 ……………………………………………………（137）
一、基于供给侧改革的农产品电商上行策略 ……………………………………（138）
二、构建农村电商联盟资源体探索——以清远市为例 …………………………（145）
三、清远市农村电商人才培育研究 ………………………………………………（153）

参考文献 …………………………………………………………………………………（162）
附件一　英德市农村电子商务情况调研 …………………………………………（166）
附件二　英德市果康源农场电商情况访谈 ………………………………………（168）
附件三　粤东西北电子商务进农村示范县（市）各项指标数据 ………………（171）

第一章
中国农村电商发展历程

随着网络信息技术不断进步与普及，电商在中国得到了快速的应用。作为一种新的交易方式，它缩短了生产和消费的距离，改变了人们的生活方式和交易习惯。作为数字经济的代表，电商使得生产与商业深度融合，产生了大量的模式创新，促进了中国传统产业的转型升级，驱动了经济增长和社会的创新发展。

据《中国互联网发展报告2020》统计数据显示，2020年中国电商市场交易额达37.21万亿元。截至2019年年底，中国移动互联网用户规模达13.19亿，占全球网民总规模的32.17%；移动互联网接入流量消费达1 220亿GB，年同比增长71.6%；网络支付交易额达249.88万亿元，移动支付普及率位于世界领先水平。中国电商牢牢占据全球电商市场排行榜首位。

农村电商是在互联网时代，将计算机网络信息技术应用到涉农领域的生产和经营中，为其提供网上交易和消费服务的过程，是互联网商业模式在农村农业中的应用。

概括起来，中国农村电商经历了5个发展阶段：萌芽期、探索期、发展期、成熟期和繁荣期，如图1-1所示。

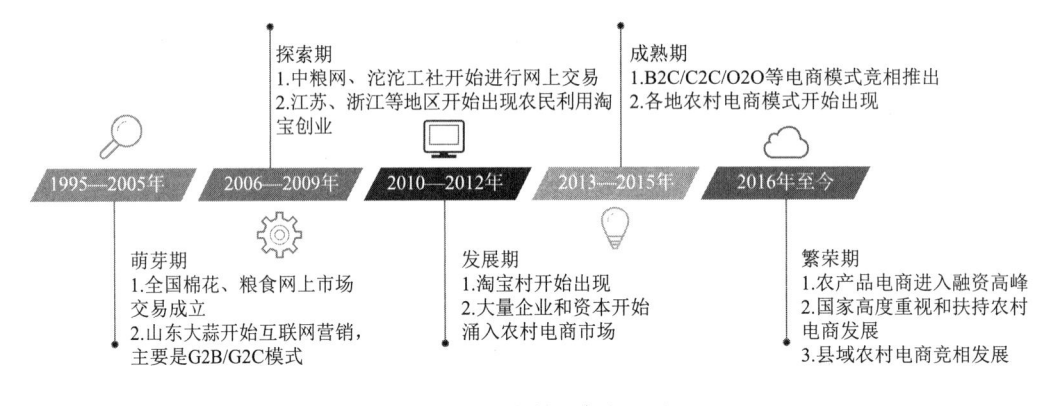

图1-1 中国农村电商发展历程

一、萌芽期 1995—2005年

1994年12月，国家建立"农业综合管理和服务信息系统"，并在国家经济信息化联席会第三次会议上提出"金农工程"。此时期的农业信息系统主要是建立农业监测、预测、预警等宏观调控与决策服务。

1995 年，河南郑州成立了集成现货网棉花网上交易所，这可视作中国农村电商的开始。1998 年全国棉花网上交易市场在北京成立，同年第一笔粮食交易在网上实现。这一阶段，农村电商主要以 G2B 和 G2C 为主，以政府为主导在网上采购和销售大批量的粮食、棉花、谷物等农产品。

二、探索期 2006—2009 年

这一时期，浙江、江苏、山东等地区开始出现农民淘宝创业，并形成了示范效应。2006 年江苏睢宁东风村"三剑客"先后在淘宝网上注册了网店，尝试销售简约时尚的组合木质家具，获得成功，并引起周围村民的纷纷效仿。到 2009 年，所在沙集镇已经有网店四百余个，家具销售额达 1 亿元。东南沿海地区的部分农村中，一些农民开始在网络平台上开设网店，成为专职网商。图 1-2 所示为中国淘宝第一镇江苏睢宁"沙集镇"。

图 1-2 中国淘宝第一镇江苏睢宁"沙集镇"

2008 年，沱沱工社、中粮我买网等 B2C 农村电商平台开始进行农产品网上交易，这些电商平台带动了全国农业生产基地和农村供销合作社与互联网的融合。

三、发展期 2010—2012 年

在农产品电商领域，这一时期社会资本开始注入，一亩田、顺丰优选、一号店等 B2B 和 B2C 等全国性和区域性农产品电商平台涌现。"褚橙进京"网络营销大获成功。但此时期的农产品电商的市场容量有限，成本高居不下且安全事件频发，最终导致农产品电商举步维艰。

在农村淘宝领域，淘宝村的财富效应迅速向周边村镇扩散，形成淘宝村集群，政府也开始进行有序引导和支持发展。至 2013 年，中国共出现淘宝镇 4 个，淘宝村 20 个，95%出现在东部沿海地区。阿里巴巴淘宝村的评选主要根据三个指标：（1）经营场所：在农村地区，以行政村为单元；（2）销售规模：在阿里平台电商年销售额达到 1 000 万元；（3）网商规模：本村活跃网店数量达到 100 家，或活跃网店数量达到家庭户数的 10%。阿里巴巴淘宝村已经形成相对完整的产业链，具有规模效应和协同效应。

四、成熟期 2013—2015 年

2013—2015 年，农村电商开启多元竞争局面。四大力量角逐农村电商市场。这一时期，阿里巴巴、京东、苏宁三大电商巨头开始向农村电商布局，供销总社、中国邮政等也利用已有网店向农村电商领域扩张。全国涉农上市龙头企业金正大、辉丰股份、诺普信等开始布局农资电商。山西乐村淘、深圳淘实惠、浙江赶街网等开始布局和深耕地方农村电商。

这个阶段，农村电商特别是农产品电商领域出现了 B2B、B2C、C2C、O2O、无人店、无人柜、众筹、社区支持农业等商业模式和营销模式不断创新的局面。然而因为农业供给侧、供应链和物流问题，在发展过程中出现了亏损潮和倒闭潮。根据中国电商研究中心数据显示，全国 4 000 多家生鲜电商企业中只有 1%盈利，4%持平，88%亏损，剩下 7%巨额亏损。大浪淘沙，留下来的企业都凭借各自的行业优势逐渐扩大。

2013—2015年，中国淘宝村处于成长期，农村网店和交易额虽然有所增加，但是规模不大。

五、繁荣期 2016 年至今

总结起来，2016年至今，中国农村电商发展呈现四个主要特点：

（一）国家层面持续推动，农村电商政策密集出台

2014—2018年，国家密集出台电商和农业、农村融合发展的政策。国家层面共有216份文件设计涉农电商内容，含23份专门性文件。该阶段设计的农村电商主题词高达173个，高频词汇包括"农村电商""农业电子商务""网络扶贫""农业信息化""农业互联网特色小镇"等，如图1-3所示。

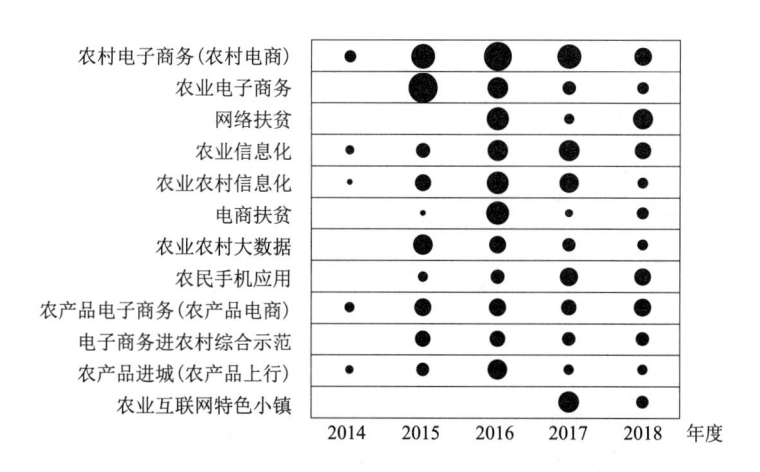

图 1-3 2014—2018 年政策文本农村电商高频词年度分布

来源：肖开红，等.《中国涉农电子商务政策的演进——基于2001—2018年国家层面政策文本的计量分析》

（二）农村电商淘宝镇/淘宝村实现突飞猛进的增长

截至2020年，淘宝村广泛分布于28个省份的148个市517个县，淘宝镇广泛分布于27个省份的196个市695个县，且全年交易量超过3亿元交易额的淘宝镇有535个，全年交易量超过1亿元交易额的淘宝镇有961个，中国淘宝镇/淘宝村交易额超过 4 万亿元，2009—2020 年中国淘宝镇/淘宝村数量增长情况如图 1-4 所示，2020 年中国各省淘宝镇分布情况如图 1-5 所示，2020 年中国各省淘宝村分布情况如图 1-6 所示。

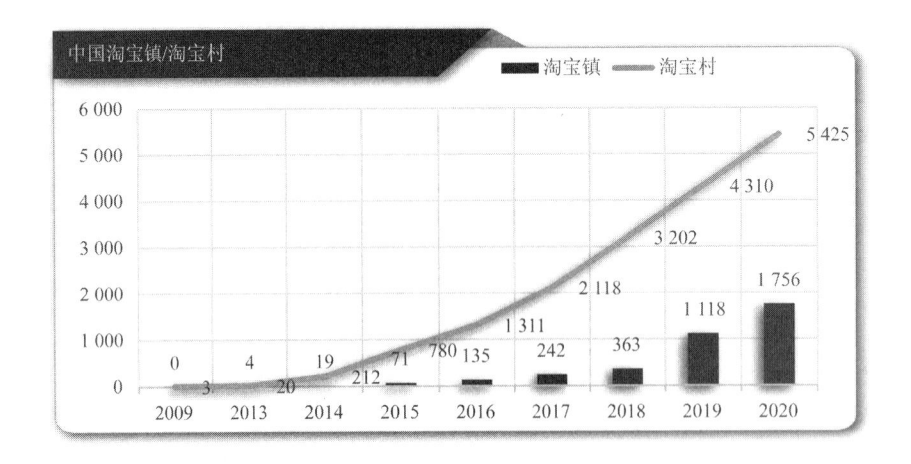

图 1-4　2009—2020 年中国淘宝镇/淘宝村数量增长情况

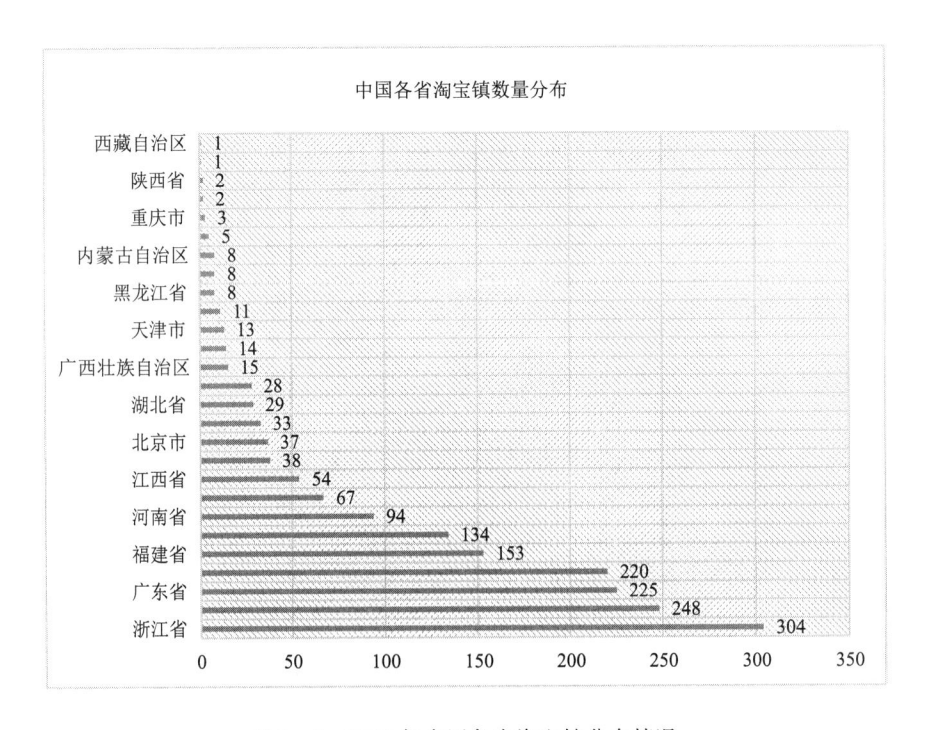

图 1-5　2020 年中国各省淘宝镇分布情况

中国各省淘宝村数量分布

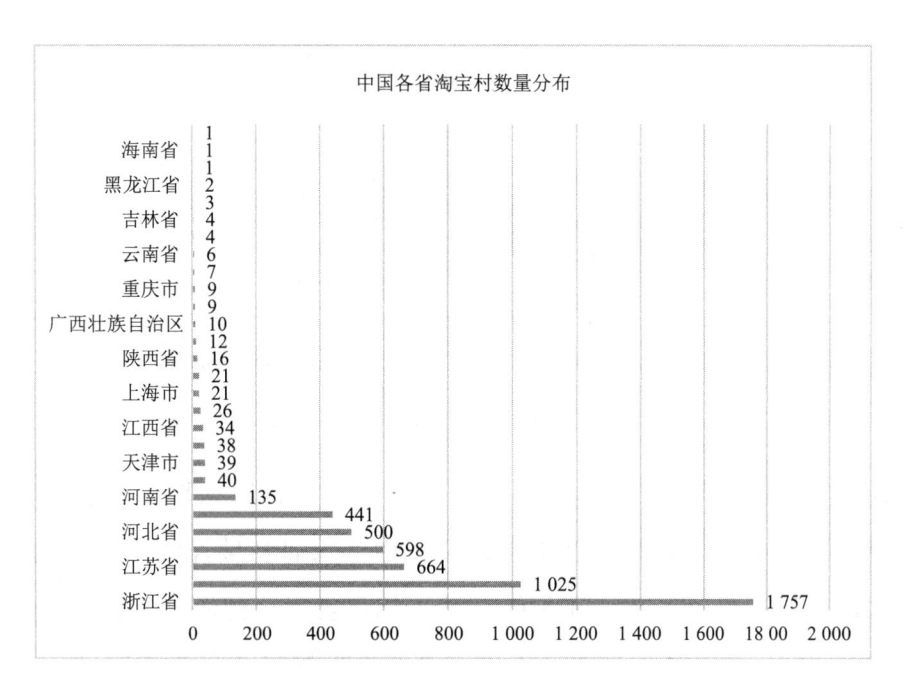

省份	数量
海南省	1
	1
黑龙江省	1
	2
吉林省	3
	4
云南省	4
	6
重庆市	7
	9
广西壮族自治区	10
	12
陕西省	16
	21
上海市	21
	26
江西省	34
	38
天津市	39
	40
河南省	135
	441
河北省	500
	598
江苏省	664
	1 025
浙江省	1 757

图 1-6 2020 年中国各省淘宝村分布情况

由图 1-4、图 1-5 和图 1-6 可以看出，2013—2020 年，中国农村淘宝镇/淘宝村实现了迸发式的增长。但是还必须注意的是，虽然总量增长非常快，但中国淘宝镇/淘宝村空间分布却极不平衡，95%集中在东部沿海地区，仅浙江、广东、福建三个省就占到了一半以上的规模。淘宝镇/淘宝村的集聚跟当地轻工产业的发展息息相关。

（三）全国电商进农村综合示范县项目火热开展

"郡县治、天下安。"随着互联网逐步渗透到广大农村和城镇，电商对中国城镇格局会产生巨大的影响。县域电商对未来 5~10 年中国经济持续、健康发展具有战略价值。县域电商会成为中国电商新的增长极。（许婵等，2015）

商务部自 2014 年开始大力推进电商进农村综合示范县建设项目。2014—2020 年中央财政累计投入超过 200 亿元，覆盖全国 1 466 个县域，2014—2020 年国家电商进农村综合示范县个数如图 1-7 所示。国家电商扶持政策开始向贫困县倾斜，在电商进农村综合示范县建设项目中，85%是国家级贫困县，凸显了国家电商扶贫的意向。

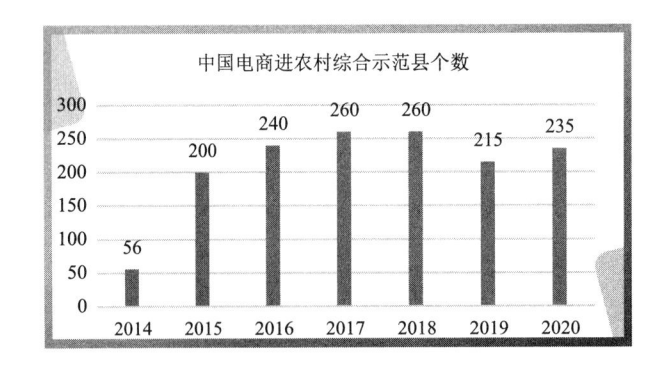

图 1-7 2014—2020 年中国电商进农村综合示范县个数

随着国家电商进农村支持政策的推进，各省市、县域也都开始重视电商的本地化发展了。2014年，阿里巴巴集团在杭州举办首届县域经济与电子商务峰会，当年有176个县长参加会议。到2015年第二届峰会时，已经有超过465位县长参与。目前除国家以外，各省都在建设省级电商进农村综合示范县项目，各地市县域也开始基于重视和政策资金支持发展农村电商，越来越多的地方政府把发展农村电商作为推动当地中心工作和实现农村经济发展的重要手段。

（四）农村电商呈现数字化、社交化和融合化发展趋势

1. 数字化发展趋势

随着区块链技术的发展和数字乡村建设的实践发展，农村电商所涉及的供应链端呈现数字化发展趋势。例如茶叶、水稻、家禽等农产品种养的数字化、农产品品质监管溯源技术数字化、仓储物流数字化、平台交易支付结算的数字化、农产品卖场数字化等。图1-8所示为数字化时代茶叶种植和销售流程。

2. 社交化发展趋势

以抖音、快手、微博、微信、企业公众号为代表的新型社交电商，让企业和消费者可以将关注、分享、沟通、讨论、互动等社交化的元素应用于电商交易过程中。社交化电商大大拓展了农村电商的销售模式，农民草根创业者可以通过社交电商和消费者便捷沟通和销售，社交电商已经成为农村电商销售模式的主流力量。图1-9所示为新媒体社交时代的农产品销售场景。

茶叶从"茶园"到"茶桌"全流程溯源解决方案

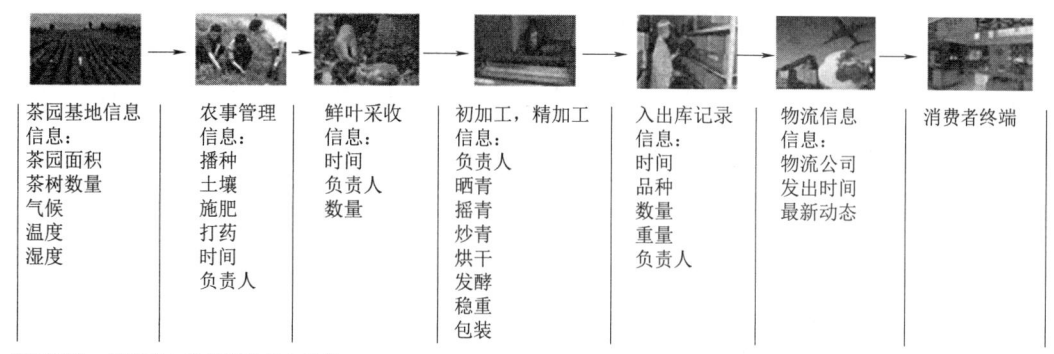

| 茶园基地信息
信息：
茶园面积
茶树数量
气候
温度
湿度 | 农事管理
信息：
播种
土壤
施肥
打药
时间
负责人 | 鲜叶采收
信息：
时间
负责人
数量 | 初加工，精加工
信息：
负责人
晒青
摇青
炒青
烘干
发酵
称重
包装 | 入出库记录
信息：
时间
品种
数量
重量
负责人 | 物流信息
信息：
物流公司
发出时间
最新动态 | 消费者终端 |

溯源信息：关联产品重要溯源节点信息。
产品动态实时关联：人工，后台数据录入。

图1-8 数字化时代茶叶种植和销售流程

来源：武夷星借防伪溯源码解决茶叶行业之痛点 https：//www.sohu.com/a/437066452_454305

图1-9 新媒体社交时代的农产品销售场景

图片来源 http：//www.369788.com/article-detail-id-2844695.html

3. 融合化发展趋势

随着互联网的发展，实体经济和网络经济会呈现一种跌宕重组的发展过程。网络平台下网兼并重组，实体经济上网重组。实体经济与网络经济（电商）出现互相竞争、互相内斗、互相指责的现象。但随着网络经济的进一步推进，如今实体经济的电商化转型、网络平台的O2O转型，已经使得二者界线模糊，出现融合化发展趋势。例如线下菜市场普遍已经走向数字平台化，诸如京东、美团等电商平台都在走O2O、社区团购的发展道路。

第二章
国家农村电商发展支持政策

一、中国"三农问题"突出

改革开放以来,我国经济呈现出快速发展的状态,社会发展也急剧转型。然而工业与农业、城市与农村、工人与农民间的二元结构问题却越来越突出。

产业结构带来三次产业就业结构的大变化,随之而来的是城市和农村人口的大迁移。自1995年农业人口达到8.59亿顶峰以后,增长趋势开始快速下滑,到2020年仅有5.6亿。特别是京津冀、长江三角洲、珠三角地区等大型经济圈,吸引了大量农村居民的迁入。中国经济发展工程中出现的"三农问题"包括:

(一)农业产业边缘化

农业在三次产业跌宕发展中被边缘化。由图2-1和图2-2可以看出1975—2020年,第一产业比重由27.7%下降到近4.4%。在三次产业增加值贡献中,农业虽然也在增加,但速度远远低于工业和服务业。

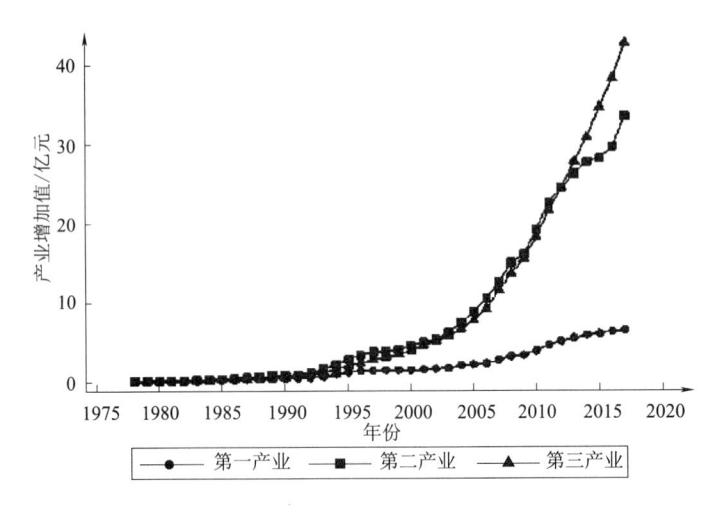

图2-1 1975—2020年中国三产业结构转型变化

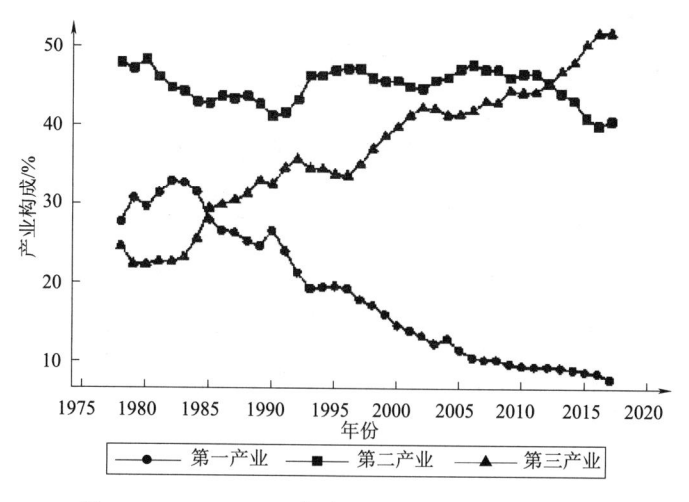

图 2-2 1975—2020 年中国三产业结构转型变化图

（二）农村空心化

从产业结构增加值上看，我国农业突出的问题是生产效率不高，尤其是贫困山区，生产工艺落后，生产方式传统，难以形成大规模的机械化种作。2020 年，我国城镇化的比率达到 63.89%，农村居民大规模向城镇迁移（见图 2-3），引起了农村空心化问题，即村落空心化、住宅空心化。这期间工业用地、城市扩展、交通用地的占用使得农村耕地面积锐减，再加上农民种作收入低而放弃田地选择外出打工，出现良田荒芜，地下水污染现象，农村生态系统遭到破坏。

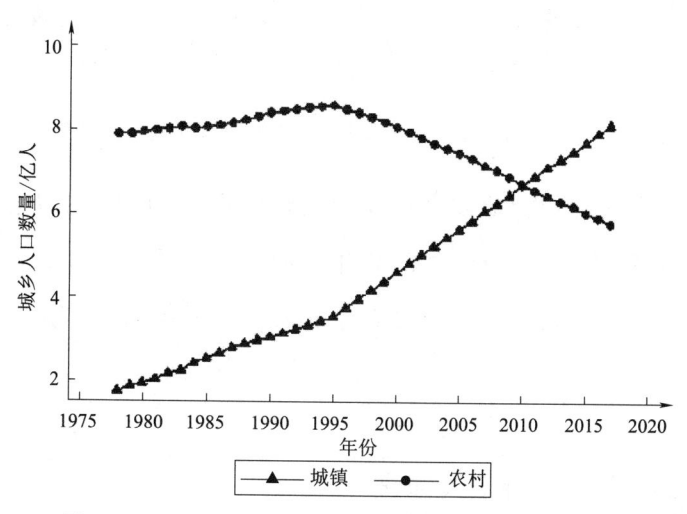

图 2-3 1975—2020 年中国城镇和农村人口迁移变化图

备注：图 2-1，图 2-2，图 2-3 来源：顾天竹，等.《中国城镇化与产业结构变迁研究》2020（6）

(三) 农民收入低、社会保障水平低

2020年，中国大约有5.6亿农村人口，相对城市居民，农民的人均收入低。从图2-4可以看出，2000—2017年中国城镇和农民人均可支配收入一直在扩大，农村居民医疗水平、教育资源、社会保障水平远低于城镇居民。改革开放以后，虽然外出打工成为村民迅速致富的重要途径，但是因为受教育水平、专业技术水平的限制，收入水平难以提高，住房和子女教育问题不能解决，长期处在二等城镇居民边缘。

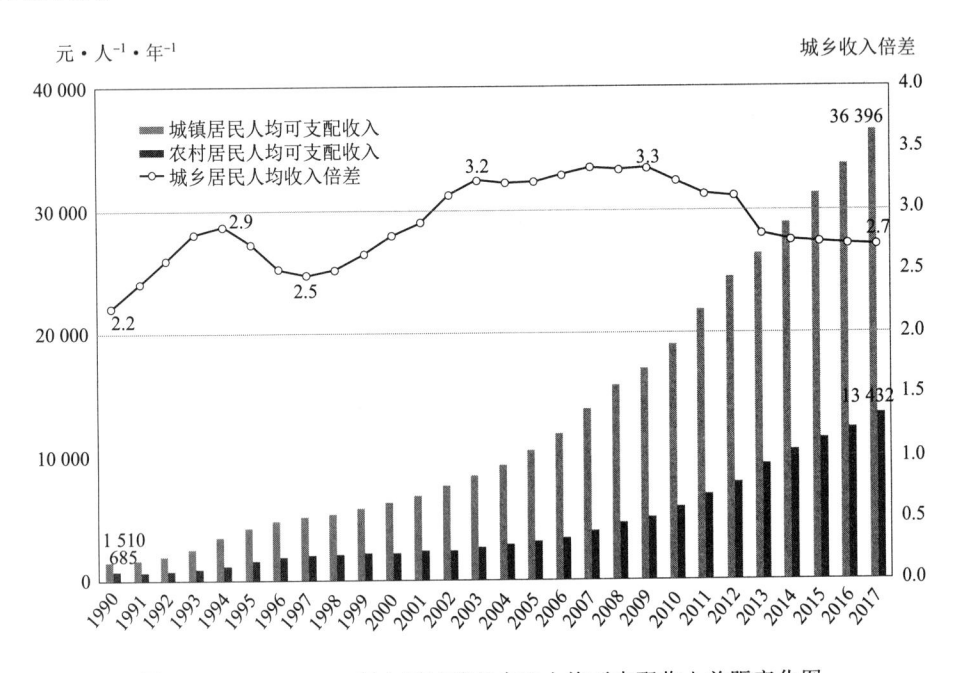

图2-4　1990—2017年中国城镇和农民人均可支配收入差距变化图

"三农问题"是我国现代化发展过程中面临的重大问题，中央以"一号文件"的形式表达对该问题的重视。截至2020年，中央已经发布了22次以"三农"为主题的"一号文件"，出台了多项有关农业发展、乡村振兴的政策措施，重视程度日益提高。

二、国家农村电商支持政策演进

近年来，随着互联网、移动通信技术的普及，电商已经不可避免地从城市扩

散到农村。阿里巴巴研究院曾明（2014）认为，鉴于互联网开放和公平的本质，农村网民接入了互联网也就接入了整个世界，从而能够获取更多的资源，其信息获取渠道的增加和思想观念的转变回归为他们所在的相对落后和边缘的地区拓展全新的发展路径。在传统发展模式中，农民因为交通不方便，信息不畅通，农村土地产值卖不上好价钱，获取不到更高的报酬，所以要去大城市。在互联网+的信息时代，如果广大农村地区能够通过电商发展经济，通过网络和物流和世界互联，那么农村居民就不需要背井离乡外出打工，可以实现在家安居乐业，通过互联网与市场经济紧密联系。农村地区有望依托电商实现由工业化至信息化的跨越式发展。

（一）国家领导层面重视农村电商发展

随着农村电商星星之火燎原式的发展和对解决"三农问题"的重要意义，国家层面开始重视，且持续推动。2015年全国两会，李克强总理两次力挺电商等新兴业态。当天会议确定加快发展电商的措施，培育经济新动力。总理认为，电商大大降低了流通成本，带动了实体经济的发展，极大地促进了就业，"对激发中国经济的活力功不可没"。对于电商发展要确立一个明确态度：首先是"积极推动"，然后要"逐步规范"。2017年3月李克强总理在政府报告中指出，电商改变了农村产业的生产和销售模式，拓宽了农民的就业渠道，中央和各级政府应着力推进农村电商的发展。除此之外，农村电商还被认作中国农村脱贫攻坚战的有力武器之一。2016年起，李克强总理多次在调研脱贫攻坚工作中视察农村电商基层服务店。2018年10月，习近平总书记到广东考察，专访了英德市农村电商产业园。2020年6月习近平总书记在陕西考察时强调了电商在脱贫攻坚中的作用，指出电商不仅可以帮助群众脱贫，而且还能助推乡村振兴，大有可为。

（二）农村电商发展政策密集出台

2001—2018年，中共中央国务院及其组成部分和直属机构，全国性社会团体共发布了303份涉农电商政策文件。2012年开始，农村电商政策文件开始加大发文量，2014—2018年，国家层面共有216份文件涉及农村电商内容，其中有23份专门性文件。2015年国家层面共发布47份农村电商相关文件，2016年更是达到了72份（见图2-5）。这些政策推动了农村电商进入新的历史阶段，为农村电商的全面发展保驾护航。

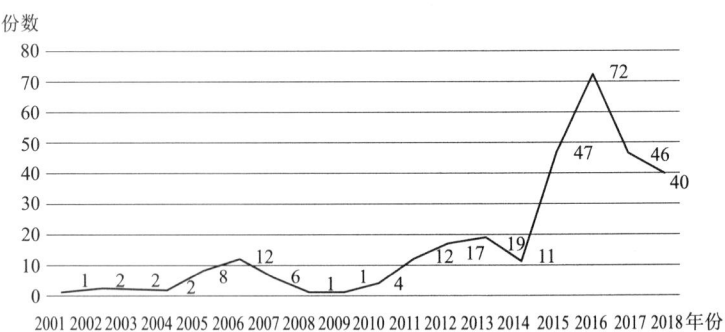

图2-5 2001—2018年农村电商政策文本分年度统计

数据来源：肖开红，等.《中国涉农电子商务政策的演进》2019（11）

2004年以来，国家凸显对"三农问题"的重视，每年颁发中央一号文件，指明农业和农村应该发展的方向。2005年中央一号文件明确提出了鼓励农村发展网上交易，此后每一年都有农村电商发展的重点内容进入一号文件。从整理的中央一号文中农村电商政策可以看出，国家推动农村电商的措施在不断深化和细化，如表2-1所示。

表2-1 2012—2020年中央一号文件关于农村电商的政策

年份	相关政策内容
2020	加强绿色食品、有机农产品、地理标志农产品认证和管理，打造地方知名农产品品牌，增加优质绿色农产品供给。有效开发农村市场，扩大电商进农村覆盖面，支持供销合作社、邮政快递企业等延伸乡村物流服务网络，加强村级电商服务站点建设，推动农产品进城、工业品下乡双向流通
2019	加强创新创业孵化平台建设，支持创建一批返乡创业园，支持发展小微企业。实施数字乡村战略。深入推进"互联网+农业"，推进重要农产品全产业链大数据建设，加强国家数字农业农村系统建设。继续开展电子商务进农村综合示范，实施"互联网+"农产品出村进城工程。全面推进信息进村入户，依托"互联网+"推动公共服务向农村延伸
2018	推动农村电商深入发展，促进农村流通现代化，推动电商扶贫和电商促进乡村振兴工作，实施电商进农村综合示范县，以示范县为载体全面推进"四好农村路"建设

续表

年份	相关政策内容
2017	加快建立健全适应农产品电商发展的标准体系。支持农产品电商平台和乡村电商服务站点建设。推动商贸、供销、邮政、电商互联互通，加强从村到乡镇的物流体系建设，实施快递下乡工程。深入实施电商进农村综合示范。鼓励地方规范发展电商产业园，聚集品牌推广、物流集散、人才培养、技术支持、质量安全等功能服务。加强农产品产地预冷等冷链物流基础设施网络建设，完善鲜活农产品直供直销体系
2016	鼓励大型电商平台企业开展农村电商服务，支持地方和行业健全农村电商服务体系。建立健全适应农村电商发展的农产品质量分级、采后处理、包装配送等标准体系。深入开展电商进农村综合示范。加大信息进村入户试点力度
2015	开展电商进农村综合示范县工作，支持电商、物流、商贸、金融等企业参与涉农电商平台建设
2014	启动农村流通设施和农产品批发市场信息化提升工程，加强农产品电商建设
2013	加快宽带进农村信息基础设施建设，推进农业农村信息化，鼓励发展农产品网上交易和农民淘宝网店
2012	加快完善覆盖城乡的农产品流通网络。充分利用现代信息技术手段，发展农产品电商等现代交易方式。探索建立生产与消费有效衔接、灵活多样的农产品产销模式，减少流通环节，降低流通成本

由于农村电商涉及的领域与职能众多，国家有关部门按照职责分工共同负责农村电商的发展与监管工作。2001—2018 年，共有 87 份文件为联合发文，占比 28.7%，涉及 65 个单位，占发文总数的 84.4%（肖开红，等，2020），2015—2020 年中国农村电商相关政策文件及主要内容如表 2-2 所示。

表 2-2 2015—2020 年中国农村电商相关政策文件及主要内容

时间	发布单位	政策名称	主要内容
2015 年 5 月	国务院办公厅国发〔2015〕24 号	关于大力发展电商加快培育经济新动力的意见	授意商务部、农业部、质监局等各部委对发展农村电商工作进行部署
2015 年 7 月	国务院办公厅国发〔2015〕40 号	关于积极推进"互联网+"行动的指导意见	在"互联网+农业""互联网+电子商务"两个板块重点做了部署
2015 年 7 月	财政部、商务部财办建〔2015〕60 号	关于开展 2015 年电商进农村综合示范工作的通知	中央财政重点支持，打通同村电商最后一公里物流问题；县域电商公共服务中心和村级电商服务站点改造和农村电商培训工作，在 200 个县扩大示范

续表

时间	发布单位	政策名称	主要内容
2015年9月	农业部、国家发展和改革委员会、商务部	推进农业电商发展行动计划	提出了发展农业电商的指导思想、基本原则、总体目标,并明确了5方面重点任务和20项行动计划
2015年10月	国务院办公厅国发〔2015〕78号	关于促进农村电商加快发展的指导意见	提出农村电商发展的三大任务和七大措施,为地方政策制定提供方向
2015年12月	中共中央国务院中发〔2015〕34号	关于打赢脱贫攻坚战的决定	加大"互联网+"扶贫力度。完善电信普遍服务补偿机制,加快推进宽带网络覆盖贫困村。实施电商扶贫工程
2016年1月	农业部办公厅农办市〔2016〕1号	关于印发农业电商试点方案的通知	建立鲜活农产品电商试点、农业生产资料电商试点、休闲农业电商试点
2016年4月	农业部、国家发展和改革委员会、中央网信办等8部门联合农市发〔2016〕2号	"互联网+"现代农业三年行动实施方案	大力发展农业电商,带动农业市场化,倒逼农业标准化,促进农业规模化,提升农业品牌化,推动农业转型升级、农村经济发展、农民创业增收。提升新型农业经营主体电商应用能力
2016年11月	16个国家部委单位联合国开办发〔2016〕40号	关于促进电商精准扶贫的指导意见	引导和鼓励第三方电商企业建立电商服务平台,注重农产品上行,促进商品流通,不断提升贫困人口利用电商创业、就业能力,拓宽贫困地区特色优质农副产品销售渠道和贫困人口增收脱贫渠道,让互联网发展成果惠及更多的贫困地区和贫困人口
2017年2月	中共中央国务院中发〔2017〕1号	关于深入推进农业供给侧结构性改革加快培育农业农村发展新动能的若干意见	多个方面强调"推进农村电商发展";四个重视:关注农村电商产业园问题、重视线上线下结合、重视农产品上行、重视农村物流体系建设
2017年5月	财政部、商务部办、国务院扶贫办财办建〔2017〕30号	关于开展2017年电商进农村综合示范工作的通知	明确了农村电商示范范围,中央财政资金支持方式和重点,省级主管部门工作方案基本要求
2017年8月	商务部、农业部商建函〔2017〕597号	关于深化农商协作大力发展农产品电商的通知	开展了农产品出村试点和农产品电商标准化试点,打造农产品电商供应链

续表

时间	发布单位	政策名称	主要内容
2018年5月	财政部、商务部办、国务院扶贫办财办建〔2018〕102号	关于开展2018年电商进农村综合示范工作的通知	强调了"贯彻落实改进考核评估体制，更多地体现省负总责的新精神新要求，强化支出责任，推动地方因地制宜开展工作"
2018年5月	中共中央国务院中发	关于打赢脱贫攻坚战三年行动的指导意见	实施电商扶贫，优先在贫困县区建设农村电商服务站点，动员大型电商企业和电商强县对口帮扶贫困县。继续实施电商进农村综合示范项目
2019年6月	中共中央国务院中发〔2019〕12号	关于促进乡村产业振兴的指导意见	发展乡村信息产业。深入推进"互联网+"现代农业，加快重要农产品全产业链大数据建设，加强国家数字农业农村系统建设。全面推进信息进村入户，实施"互联网+"农产品出村进城工程。推动农村电商公共服务中心和快递物流园区发展
2020年2月	农业农村部	关于落实党中央、国务院2020年农业农村重点工作部署的实施意见	支持各地聚焦优势特色主导品种，打造各具特色的农业全产业链，培育一批产值超百亿元的区域优势特色产业集群。认定第四批中国特色农产品优势区、第十批"一村一品"示范村镇

备注：作者根据理念国家农村电商相关政策整理

从我们对2015年以来主要农村电商政策的内容梳理中可以看出，国家开始只是出台鼓励建设涉农电商平台，接着开始关注电商扶贫政策，然后重视农村电商物流和服务体系建设，至2020年，国家开始重视农村电商农业供给侧改革问题，明确表明要打造各具特色的农业全产业链，培育现代农业产业集群，推进农业加工工业的发展，将互联网和农业融合发展。

（三）电商对县域经济的持续推动

随着信息科技的进步与发展，电商形态与实体经济相互融合，已经充分融入生产和生活中。据《中国电子商务报告2020》数据显示，2020年，全国电子商务交易额达37.21万亿元，较2013年10.4万亿元增长了2倍多。电商成为数字经济时代经济发展新引擎。

在美国，高盛公司采用 MULTLMOD 模型对美国电商发展与生产效率之间的关系进行了定量分析，以美国、英国、日本、德国、法国 5 个国家为案例，结果表明电商发展促进了 5 个国家的 GDP 正向增长，增长率约为 0.25%。王蓓（2017）采用多元回归方法对中国电子商务发展与经济增长的关系进行实证研究。研究表明，国内生产总值与域名数、上网用户人数、电商企业数、网上购物人数、电商交易额之间的相关系数为 0.933、0.983、0.921、0.932、0.987，电商与经济增长之间存在正相关关系。

西安交通大学李琪等（2019）根据浙江省 11 个地市 2011—2016 年的面板数据得出电商发展与农民收入增长正向相关。电商发展水平每提高 1%，可以使农村居民人均可支配收入提升 0.19%，如图 2-6 所示。

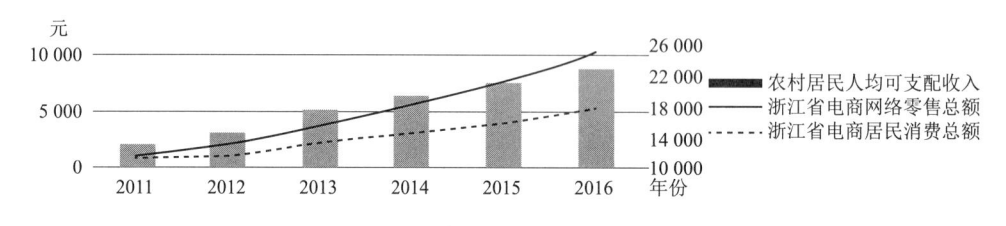

图 2-6 浙江省电商发展与农村居民人均可支配收入增长情况

学者张俊英（2020）对电商对经济发展影响和空间溢出效应进行进一步的研究。他通过对中国 278 个地级市 2015—1017 年的电商发展指数（互联网+指数、各地区人均生产总值、固定资产投资总额、社会消费品零售总额、农村居民人均总收入、受教育程度和公共财政支出）作为基本变量，研究了电商对经济增长的拉动作用。研究结果表明，本地区电商水平提升 1% 将使得本地区经济增长水平提升 9.27%，使得相邻地区电商发展水平增加 11.96%。他认为，国家在落实电商推进区域经济发展时要注意：（1）政府应当积极引导资金流向电商欠发达的中西部地区，对中西部地区的网络基础设施和电商公共服务体系进行政策倾斜和支持，防止电商引发新贸易不平衡情况出现。（2）对于电商欠发达的地区，应当抓住当前的互联网经济发展契机，充分利用电商的空间溢出效应，营造协同发展的电商环境。借鉴和学习国内目前已经成熟的可复制的电商模式，借鉴自身的产业特色，发挥因地制宜、优势突出的电商模式。

2020 年中国农村网络零售额将近 1.8 万亿元，其中农产品电商交易额近

8 000 亿元。在电商对县域经济拉动和促进农民收入增长方面，学者许婵（2015）根据阿里巴巴电商发展指数，按 Geometrical Interval（几何分类间隔）方法将县域电商发展指数分为 10 个等级，发现因电商的发展，县域经济的 GDP 与常规 GDP 和人口分布态势有所出入。电商给县域经济尤其是偏远的西部、北部、东北和西南边境地区经济注入了较大的活力。互联网＋给远离中心城市的县域带来了前所未有的机遇。胡柳波等（2017）利用灰色预测法对农村电商遂昌模式的电商贡献率进行了分析，发现农产品网络零售额对当地县域 GDP 的贡献率逐渐增大，有效促进了当地的经济发展，结果如表 2-3 和表 2-4 所示。

表 2-3 遂昌县 2010—2015 年农产品网络零售额占 GDP 比重

年份	2010	2011	2012	2013	2014	2015
GDP/亿元	57.66	68.13	76.71	84.54	87.37	88.88
农产品网络销售额/亿元	0.2	1.1	1.5	3.1	4.1	5.3
比重/%	0.35	1.61	1.96	3.67	4.7	5.96

表 2-4 遂昌县 2016—2020 年农产品网络零售额对 GDP 贡献率

年份	农产品网络销售额/亿元	GDP/亿元	贡献率/%
2016	7.953 6	97.521 5	8.16
2017	11.372 7	103.833 0	10.95
2018	16.261 5	110.553 0	14.71
2019	23.252 0	117.708 0	19.75
2020	33.247 5	125.326 0	26.53

表 2-3，表 2-4 来源：胡柳波，等. 基于灰色预测的遂昌县农业电子商务发展对经济增长的贡献研究. 2017（7）

作者根据阿里巴巴研究院发布的 2014 年中国"电商百佳县"排行榜和 2017—2018 年"电商示范百佳县"排行榜，分别抽取华东地区、华南地区、华中地区、西南地区和东北地区排名前二的电商百佳县，分析 2014 年、2018 年的经济增长，增长率基本都在 20% 以上，有的地区甚至翻倍，如表 2-5 所示。

表 2-5 电商示范百佳县电商发展指数与经济增长情况

地区	县（市）	电商发展指数 2014	电商发展指数 2018	生产总值/亿元 2014	生产总值/亿元 2018	增长率
华东地区	江苏常熟市	14.42	76.35	2 009.36	2 400	19.44%
	福建安溪县	7.34	30.5	410.19	574.38	40.03%

续表

地区	县（市）	电商发展指数 2014	电商发展指数 2018	生产总值/亿元 2014	生产总值/亿元 2018	增长率
华南地区	广西东兴市	10.08	27.42	80.97	98.29	21.39%
	广东饶平县	—	12.29	209.91	266	26.72%
华中地区	河南长垣县	—	14.5	250.52	468.58	87.04%
	湖南宁乡市	—	12.94	910.23	1 113.74	22.36%
西南地区	云南瑞丽市	8.4	30.29	55.2	110	99.28%
	贵州凯里市	—	24.39	179.57	237.6	32.32%
东北地区	河北清河县	14.64	36.21	129.5	160	23.55%
	吉林延吉市	7.57	21.90	305	330	8.20%

数据来源：各省统计年鉴及政府报告相关数据整理

备注：吉林延吉市虽然只有8.20%，但吉林省2018年整体经济增长率为 –20%。

（四）国家电商进农村综合示范县建设

改革开放以来，中国经济以超过9%的速度增长，至2020年我国GDP已经突破100万亿元，人均GDP也突破1万美元。但中国经济发展的不均衡性仍然存在。从图2-7可知，我国东南沿海地区经济发展速度快，人们生活水平富裕。中西部地区经济增长慢，人均收入特别是农村居民的人均可支配收入低（见表2-6和表2-7），经济区域差异明显。

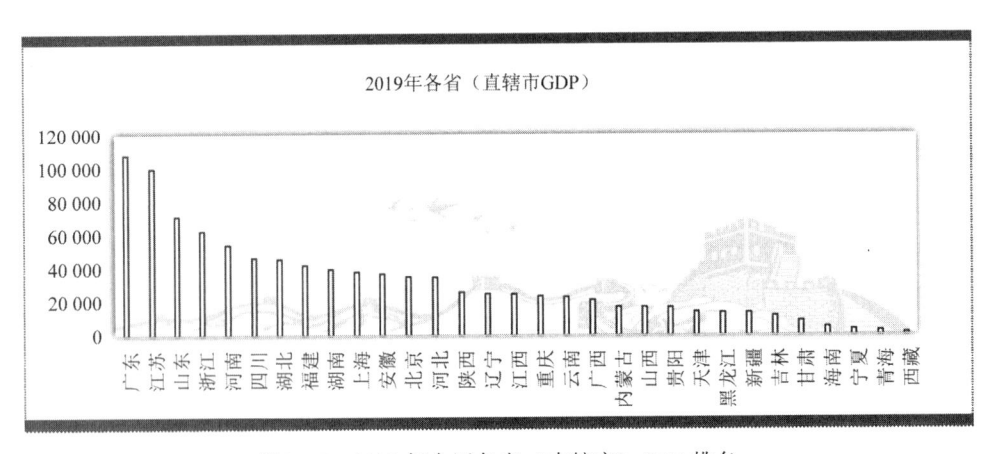

图2-7 2019年全国各省（直辖市）GDP排名

数据来源：中国统计年鉴2020

表 2-6　2013—2019 年东中西部和东北地区城镇居民人均可支配收入　　单位：元

组别	2013	2014	2015	2016	2017	2018	2019
东部地区	31 152.4	33 905.4	36 691.3	39 651.0	42 989.8	46 432.6	50 145.4
中部地区	22 664.7	24 733.3	26 809.6	28 879.3	31 293.8	33 803.2	36 607.5
西部地区	22 362.8	24 390.6	26 473.1	28 609.7	30 986.9	33 388.6	36 040.6
东北地区	23 507.2	25 578.9	27 399.6	29 045.1	30 959.5	32 993.7	35 130.3

数据来源：中国统计年鉴 2020

表 2-7　2013—2019 年东中西部和东北地区农村居民人均可支配收入　　单位：元

组别	2013	2014	2015	2016	2017	2018	2019
东部地区	11 856.8	13 144.6	14 297.4	15 498.3	16 822.1	18 285.7	19 988.6
中部地区	8 983.2	10 011.1	10 919.0	11 794.3	12 805.8	13 954.1	15 290.5
西部地区	7 436.6	8 295.0	9 093.4	9 918.4	10 828.6	11 831.4	13 035.3
东北地区	9 761.5	10 802.1	11 490.1	12 274.6	13 115.8	14 080.4	15 356.7

数据来源：中国统计年鉴 2020

早在电商兴起之时，就有人认为其在农村扶贫方面大有可为。许婵等（2015）认为互联网扁平化的结构使得县域可能成为未来中国经济发展中的亮点。在县域及其管辖的广大农村地区，鼠标可以辅助锄头（见图 2-8），电商可以成为农村先进生产力的载体，成为农民生产方式和生活方式的新选择。在物质层面，电商向农村的延伸，对农村的介入和在农村的内生使得农村的发展越过了工业化，直接走进了信息化，给农村带来了跨越式发展的动力和就地城镇化的契机。在精神层面，基于电商的农村发展新模式使得农村"空巢"的社会问题迎刃而解，培育了一代新型农民，提升了农民素质，改善了农村家庭的生活质量，对农村社会的稳定及和谐社会的构建意义重大。它的进一步发展还将继续促进技术、资金等向农村延伸，加速城乡资源自由、双向流动，从而促进城乡一体化发展。

图 2-8　鼠标辅助锄头振兴农村

图片来源：网络

鉴于电商在助推县域经济和"三农问题"中的重要作用，2014 年开始，国家从战略的高度对县域电商发展进行部署,密集出台多项发展政策。2014年国务院扶贫办联合商务部、财政部开展电商进农村综合示范工作,截至2020年,全国共有电商进农村示范县1 466个(见表2-8),其中国家级贫困县超过900个,国家扶持农村电商务发展资金超过200亿元。

表2-8 2014—2020年国家级电商进农村示范县分布

示范县	2014	2015	2016	2017	2018	2019	2020	合计
河北	7	10	6	17	16	3	13	72
山西		8	7	10	18	4	9	56
内蒙古		8	20	10	9	3	7	57
辽宁		8				3	7	18
吉林		8	7	3		3	9	30
黑龙江	7	8	6	5	5	3	6	40
江苏	7					9	12	28
浙江						9	13	22
安徽	7	8	6	9	3	6	6	45
福建		10		7	4	8	6	35
江西	7	15	7	10	4	3	6	52
山东				7	4	8	7	26
河南	7	8	6	13	6	18	13	71
湖北	7	8	7	7	7	4	9	49
湖南		8	7	18	16	5	14	68
广东		4			4	9	10	27
广西		8	15	13	11	10	9	66
海南		3	2		2	4	2	13
重庆		8	9			6	6	29
四川	7	10	20	25	28	5	17	112
贵阳		8	20	20	22	3	8	81
云南		8	15	33	25	15	13	109
西藏		4	5	5	13	47		74

续表

示范县	2014	2015	2016	2017	2018	2019	2020	合计
陕西		15	15	19	22	3	11	85
甘肃		8	20	12	20	6	7	73
青海		4	7	7	11	12	3	44
宁夏		4	10			3	4	21
新疆		7	19	10	10	3	8	57
新疆建设兵团	0	2	4					6
总计	56	200	240	260	260	215	235	1 466

备注：根据商务部国家电子商务进农村综合示范县各年度立项名单整理

国家级电子商务进农村综合示范县项目立项以后，各县域按照国家要求在所在县（市）的政府网站主页建立"国家级电子商务进农村"专栏（见图2-9），对国家扶持资金用途和电商进农村工作进行监督。

图2-9 陕西武功县国家级电子商务进农村建设专栏

在领导机制和政策制定方面，各县域按照国家基本要求，结合自身发展情况成立领导小组，制定各项政策，原则上必须有一项《×××县（市）国家级电子商务进农村工作实施方案》，其他物流实施方案、人才培训方案、监督管理方案可以结合实际情况拟定。各县域对国家级电子商务进农村示范工作进行定期汇报，制作工作简报，完善工作推进制度和监督机制（见图2－10和图2－11）。

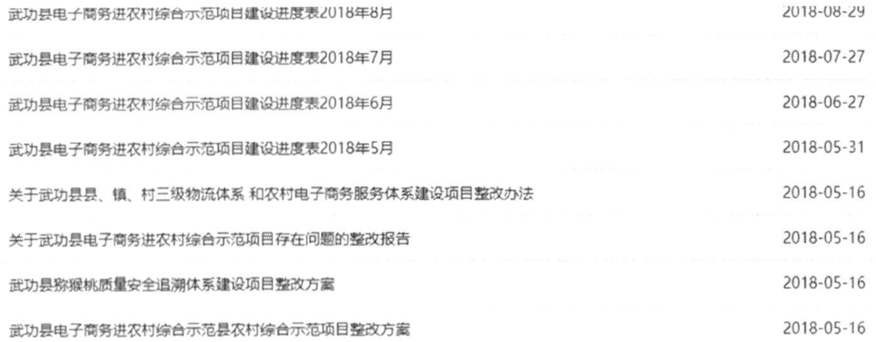

武功县电子商务进农村综合示范项目建设进度表2018年8月	2018-08-29
武功县电子商务进农村综合示范项目建设进度表2018年7月	2018-07-27
武功县电子商务进农村综合示范项目建设进度表2018年6月	2018-06-27
武功县电子商务进农村综合示范项目建设进度表2018年5月	2018-05-31
关于武功县县、镇、村三级物流体系 和农村电子商务服务体系建设项目整改办法	2018-05-16
关于武功县电子商务进农村综合示范项目存在问题的整改报告	2018-05-16
武功县猕猴桃质量安全追溯体系建设项目整改方案	2018-05-16
武功县电子商务进农村综合示范县农村综合示范项目整改方案	2018-05-16

图2－10　陕西武功县国家级电子商务进农村工作进度报告

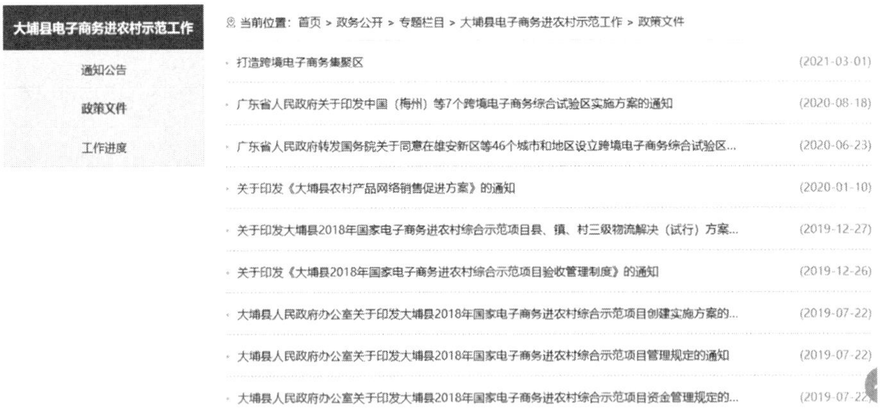

大埔县电子商务进农村示范工作

通知公告

政策文件

工作进度

当前位置：首页 > 政务公开 > 专题栏目 > 大埔县电子商务进农村示范工作 > 政策文件

打造跨境电子商务集聚区	(2021-03-01)
广东省人民政府关于印发中国（梅州）等7个跨境电子商务综合试验区实施方案的通知	(2020-08-18)
广东省人民政府转发国务院关于同意在雄安新区等46个城市和地区设立跨境电子商务综合试验区…	(2020-06-23)
关于印发《大埔县农村产品网络销售促进方案》的通知	(2020-01-10)
关于印发大埔县2018年国家电子商务进农村综合示范项目县、镇、村三级物流解决（试行）方案…	(2019-12-27)
关于印发《大埔县2018年国家电子商务进农村综合示范项目验收管理制度》的通知	(2019-12-26)
大埔县人民政府办公室关于印发大埔县2018年国家电子商务进农村综合示范项目创建实施方案的…	(2019-07-22)
大埔县人民政府办公室关于印发大埔县2018年国家电子商务进农村综合示范项目管理规定的通知	(2019-07-22)
大埔县人民政府办公室关于印发大埔县2018年国家电子商务进农村综合示范项目资金管理规定的…	(2019-07-22)

图2－11　广东大埔县国家级电子商务进农村工作政策文件

图2－9，图2－10，图2－11来源：陕西武功县、广东大埔县政府网国家级电子商务进农村专栏

在国家级电子商务进农村综合示范县项目中，国家的财政资金主要用于：

（1）支持农村流通基础设施建设。主要支持县域在区域节点上建设仓储物流中心，建设完善县（市）、镇、村三级物流配送体系，推进行政村物流服务的覆盖率。建设智能化供应链系统和网络销售系统，实现乡村供应链的信息化、可视化、标准化和大数据分析等智慧系统。

（2）支持农产品上行。中央财政支持农产品上行的比例不得低于50%。主要内容为：①建设产品初级加工中心、网货研发中心、推动特色农产品开发；②构建农产品上行品牌营销和供应链综合服务体系，主要推进特色农产品品牌培育、农产品质量追踪溯源体系、开展多形式农产品网络营销活动；③建设镇村级电商服务站点，要求镇村级服务站点维持在50%以上。

（3）完善农村电商公共服务体系。支持改造和升级县域电商公共服务中心，让其充分发挥产业集聚和辐射带动作用。但公共服务中心的建设应该坚持实用、节约的原则，资金使用比例原则上不得高于15%。

（4）开展农村电商培训。支持对基层干部、合作社员、创业青年、返乡农民工、具备条件的贫困户等开展农村电商培训。培训可以招标的方式委托给培训机构，但要建立完善的监督考核机制，建设期内原则上要求培训人次达到3 000次以上。

（5）打造县域公共品牌。支持建设区域公用品牌推广体系，对县域公共品牌和子品牌进行设计和推广。组织农产品产销对接活动，打造本土网红+直播产业培育基地。

（6）支持电商助力扶贫。制定电商精准扶贫方案，推动贫困村结合县域产业特色发展农村电商。建设线上线下扶贫展览馆，全面统计电商在带动农产品上行、贫困户增收以及促进当地旅游、文化、就业和社会稳定等方面的成效。

表2-9所示为英德市2019年国家级电商进农村综合示范县（市）建设资金使用计划。

表 2-9 英德市 2019 年国家级电子商务进农村综合示范县（市）建设资金使用计划

序号	名称	金额/万元	资金比例	资金使用方向	资金用途	推进单位	备注
1	农村流通基础设施体系建设（仓储、物流、产品加工中心）	1 000	30%	农村流通基础设施	建设农村产品（含农副产品、手工艺品、乡村旅游、民俗等特色品及服务等）分级、包装、预冷等产地初加工和商品化预处理设施，完善产、供、销全链条服务，提高农村产品商品化率。支持农村传统物流配送企业转型升级；建设完善市、镇、村三级物流配送体系，实现农村物流配送服务100%覆盖，整合商贸流通，快递共配资源，开展统仓共配，降低物流成本；鼓励有条件的地区合理规划，在县区域节点建设仓储物流中心，发展智慧物流、县域快递业务量年均增速达10%以上。建设一套智能化供应链系统和网络销售系统，实现本市乡村供应链的升级。1. 一期，2020年底之前，结合现有本市农产品供应链系统的信息化、可视化、标准化、大数据分析，完善本市农产品供应链系统的建设1个约5 000平方米仓储物流中心，具备电商仓储、在英城、西牛镇各建设快递企业、物流企业共享办公等业务功能的仓储物流中心，为本地电商和农户开展电子商务业务提供综合性仓储、物流、配送、信息服务。打通从英德市到乡镇、乡镇到行政村的物流通道，实现行政村物流服务100%覆盖，快5家以上年营业额1 000万元以上的商贸企业入驻仓储物流中心，实现电商一仓储、物流，综合营业成本下降20%以上，加快电商规模化发展，综合服务中心化企业年营业额达到5～10亿元。二期，2020—2025年（涉及土地指标、征收2亿元，在西牛镇建设100～150亩电商智慧物流产业园），计划由企业投资和招拍挂等具体问题，需要较长的时间由处理这些事情，服务辐射周边如连州、连南、连山、阳山等市县，实现规模效应。2. 智能供应链系统要求，打造一套贯通上游农特消品企业和快消品企业应用的进销存管理、仓储运营企业仓储运营管理系统、配送运营管理系统、供应链金融、财税金融等全链路系统。电商平台、支付分账、终端门店小程序，按照数据规范和技术指导文件与系统严格按照商务部信息报送要求，按照数据对接文要求智能报送前一日的数据，保证信息报送对接，每天按照对接文要求智能报送前一日的数据，保证信息报送准确率	牵头单位：市工业和信息化局（电商办），责任单位：市农业农村局（扶贫办），市市场监管局，市自然资源局，市交通运输局，市供销社，各相关镇和中标方等	通过招投标方式或项目申报形式予以支持

续表

序号	名称	金额/万元	资金比例	资金使用方向	资金用途	推进单位	备注
2	农村产品上行品牌营销与供应链综合服务体系基础设施（溯源系统及品牌）	1 000	20%	供应链综合服务体系促进农村产品上行	建设农产品初加工分级包装中心、网货产品研发中心，农村产品质量检测，实现农村产品规模化、标准化市场培育体系，推动农村特色农产品开发，协助企业 SC、产品"三品一标"等资质认证，制订营销计划，通过引导宣传统农村产品企业对接平台，线上线下融合发展，开展专题推介活动，开展博览会、文化节等活动，提升农村产品流通水平，拓展销售市场。建设农村产品上行全渠道高效分销体系，结合农村服务站，实现农村服务终端 App，让城市便利店成为农产品的销售终端，农村商店可以卖到城市居民手中。同时农村商贸公司本身的销售终端，农村商品可以卖到城市居民手中。依托商贸公司本身的销售终端，农村商店可以预售云货商品。对接社区团购平台促进农产品以预售团购方式卖向城市以及全国。 1. 在全市范围内，培育 3 个以上特色农产品品牌，建立农产品质量追溯体系，开展资质认证，努力打造有规模、上档次、质量标识统一、线上线下价格一致的农产品电子商务新型业态，在淘宝、京东、苏宁易购等平台开设网店、农产品"特产馆"，围绕本地特色农村产品形成标准化农村产品上行供应链条数 2 条以上；形成全链条达到全农村产品上行，农村产品供应链条数量 2 种以上。在全市和乡镇共同拓展 300 个以上零售终端，实现全农村产品达成全链条上行，电子商务线上交易额整体提高 20% 以上，协同其他配套服务 2 000 万元以上，促进农村产品上行。 2. 农产品初加工分级包装中心依托农产品公共服务中心、乡镇服务站、企业、合作社等建设农产品初加工分级包装产品品质监控，建设目标为针对本地优势产业服务的初加工、分级包装产业基础设施，并为社会提供免费或微利服务	牵头单位：市工业和信息化局（电商办）；责任单位：市农业农村局（扶贫办）、市市场监管局，市自然资源局，市交通运输局，市供销社，各相关镇和中标方等	通过招投标方式或项目申报形式予以支持

续表

序号	名称	金额/万元	资金比例	资金使用方向	资金用途	推进单位	备注
3	镇村电子商务服务站点			站点运营方	对现有的电商服务站点、合作社进行巩固、改造提升，实现镇区电商服务100%覆盖，行政村电商服务100%覆盖，省定贫困村电商服务站点100%覆盖，在开展农产品上行的村级服务站点推广溯源体系		
4	农村电商公共服务体系 电子商务公共服务中心升级	300	15%	电商服务中心承办方	支持乡村电商服务体系的建设改造、运营，推进智慧农村电商应用。支持区域带动明显的西牛电商创业园的电商服务中心升级改造，整合资源，拓展便民生活服务功能，统筹推进智慧农业改造、品控、标准、标品、金融、物流、培训等应用	牵头单位：市工业和信息化局（电商办），责任单位：市农业农村局（扶贫办）、市供销社、市市场监督局、各相关镇和中标方等	通过项目形式申报形式支持或以过招投标方式予以支持
5	电子商务公共服务中心运营			电商服务中心承办方	用于支持区域带动明显的西牛电商创业园的电子商务创业园区规范化管理；为企业和创业青年提供电商创业技术指导，对各服务商进行服务对接活动；承接公共服务资源对接活动等。农村电商服务体系应坚持市场化原则，突出服务，强化可持续运营机制，硬件建设遵守实用、节约原则，充分利用现有设施设备，闲置物业或厂房		
6	农村电子商务培训体系 电子商务知识培训	100	5%	培训承办方	电商基础培训，整合市人社、工信、教育、扶贫、妇联、团委等有关部门培训资源，制订完善培训计划和课程项目实施期内基础普及性培训和增值培训累计3 000人次以上人次，达到广东省除外；为参训学员组织各类型电商用工对接5场以上，参加对接学员总数不低于300人。带动农村就业和创业、网店数量同比增长10%（外出务工除外）；为省规定贫困村建档立卡人员的50%及以上对于贫困人口的建档立卡各类型电商就业和创业	牵头单位：市工业和信息化局（电商办），责任单位：市人力资源社会保障局、市农业农村局（扶贫办）、市教育局、市团委、市妇联、市残联、市职校、各相关镇和中标方等	通过招投标方式支持有资质的培训机构承办

续表

序号	名称	金额/万元	资金比例	资金使用方向	资金用途	推进单位	备注
7	打造电商产业园双创商圈	100	5%	"双创"集聚区企业	1. 坚持抱团发展，发动电子商务产业园周边商家（包括龙山庄、凤凰城和国际新城等）从事电子商务，营造大众创业、万众创新的氛围，共同创建电子商务"双创"集聚区，统一装修风格，促进政府、企业、协会同联动，协同合同带动的示范带动作用。 2. 国家级电子商务进农村日常宣传、牌匾制作安装等	牵头单位：市工业和信息化局（电商办）；责任单位：市市场监管局，中标方等	通过招投标方式予以支持
8	打造县域公共品牌	250	12.5%	品牌运营方	1. 建设英德市区域公用品牌推广体系，支持品牌运营公司、知名传媒开展区域品牌打造以及电商交易中心运营，提升县域特色农产品品牌影响力。 2. 建立智慧县域与全域旅游应用体系，支持智慧旅游、智慧旅游的推广应用，组织农产品产销对接活动。 3. 打造英德市本土"人才+网红"双培育基地，培育当地网红人才，通过短视频直播等方式，配合2019—2020年度内全市组织的农村特色农产品营销活动，提升特色农产品网络知名度，并促进本地特色农村电商销售规模化和生产产品的标准化，加强本地农村产品品牌能力建设。	牵头单位：市工业和信息化局（电商办）；责任单位：市农业农村局，文广旅体局，各酒店，民宿、景点和中标方等	通过招投标方式予以支持
9	构建典型引领示范机制 电商助力扶贫	210	10.5%	扶贫企业、专业合作社	摸清扶贫底数，厘清市产业优势，结合我市产业特色（如茶叶、麻竹笋等）发展——品一工程。 1. 依托英德市特色农业优势，实施—村—品工程。 2. 食用农产品溯源体系建设。 3. 重点支持农产品深加工企业、乡村旅游企业、专业合作社等，做好农村产品上行（特别是下扶贫定困村）。 4. 建设线上线下扶贫馆。 5. 加强电商扶贫数据统计，定期对我市电商扶贫信息进行统计，包括对建档立卡贫困户的电商培训情况、电商带动建档立卡贫困户的增收、脱贫情况，全面统计电商在带动农产品上行、贫困户增收以及促进当地旅游、文化、就业和社会稳定等方面的成效	牵头单位：市农业农村局（扶贫办）；责任单位：市工业和信息化局（电商办）、市统计局、市供销社等	通过项目申报形式予以支持

续表

序号	名称	金额/万元	资金比例	资金使用方向	资金用途	推进单位	备注
10	构建典型示范引领机制 加大电商宣传推介	30	1.5%	编印方、活动承办方	1. 组织人员续写"英德梦园互联网+"第二版，预算20万元。2. 英德市是"中华诗词之乡"，组织英德诗人开展电商扶贫乡村振兴诗词创作活动等，预算10万元	牵头单位：市工业和信息化局（电商办），责任单位：市委宣传部、市文化广电旅游体育局、英德诗社等	通过项目申报形式予以支持
11	连樟村电商公共服务中心运营	10	0.5%	连樟村电商公共服务中心运营方	用于支持连樟村电子商务服务中心基础设施升级改造，承接公共服务资源对接活动，服务中心日常运营等	牵头单位：市工业和信息化局（电商办），责任单位：市农业农村局（扶贫办）、市供销社、连樟村委等	通过项目申报形式予以支持

来源：英德市政府电子商务进农村专栏 http://www.yingde.gov.cn/zljs/gjjdzswjnczhsfx/content/post_1372707.html

第三章

全国农村电商"五大模式"经验

随着农村电商的不断深入，淘宝村的兴起和聚集，一些敢于尝试、勇于创新的农民、返乡青年、企业家和政府组织看到了互联网在农村应用的重要意义和广阔空间。他们以创新精神开启先河，以坚韧不拔之志努力奋进，在中华广大农村地区谱写了新时代的篇章，探索出一条条独具特色的农村电商发展之路。

总结起来，全国先行区域具有代表性、独具特色的县域农村电商发展模式总共有五种，如表3-1所示。

表3-1 全国农村电商"五大模式"类型

农村电商发展模式	所在省份	模式类型
"遂昌模式"	浙江	本地电商协会服务商驱动——整合农产品电商供应链
"通榆模式"	吉林	引进外地综合电商服务商——农产品网络品牌营销
"沙集模式"	江苏	加工厂+农民网商——淘宝创业驱动
"武功模式"	陕西	集散地+网商龙头企业
"清河模式"	河北	产业+互联网

一、浙江遂昌模式——本土协会和服务商驱动

遂昌县位于浙江西南部，属典型的山区地貌，经济发展落后，山地占总面积的88%，素有"九山半水半分田"之称，曾是浙江十大贫困县之一。其县域发展区位条件差，距省会杭州250公里，距离温州2个半小时车程。因经济落后，信息闭塞，公共服务差，青壮年劳动力持续外流。

2010年开始，遂昌以农村电商为切入点，全面探索县域电商的发展，被总结为"遂昌模式"。其模式主要包含两大板块：一是以本地化电商综合服务商（网商协会）为驱动，带动县域电商生态化发展，促进地方传统产业，尤其是农业及农产品加工业实现电商化。二是以赶街网电子商务服务平台为驱动实现工业品下乡、农产品进城和农民生活服务电子化。

（一）电商协会+网商服务商

遂昌的农村电商起步于2006年，是各地返乡农民开始利用淘宝平台网上销售

产品的萌芽时期。遂昌县是"中国竹炭之乡",又盛产丰富的有机农副产品。遂昌当地人开始探索在网上销售竹炭产品。2010年在返乡青年潘冬明和本地青年企业家潘君跃的带领下,成立由政府、企业、网商、合作社等共同参与的遂昌电子商务协会。

在电商处于蓬勃发展时期,各地的电商协会也纷纷成立,但是多数的电商协会是由官方主导的非营利机构,受政府干预,投入的资金也有限,想做大比较困难。但遂昌的电商协会由民间网商共同发起,属于半公益性质。

协会成立之初也是摸着石头过河,2011年帮助开设遂昌网店七八百个,但是规模的扩张却没有带来效益的提高。所以只好把农村电商的供应链细化分工,即让农民回归种植和养殖、开网店的人回归店铺运营、平台(遂网电子商务有限公司)负责规划和推广,协会则起到整合资源的作用,只提供中间服务。例如帮助网商开销路、聘请设计师、摄影师,对接供应商沟通、采购、配送,培训网商,提供咨询,对接平台和政府资源、第三方服务商等,真正发挥了协会的协同作用。

遂昌电子商务协会仿照工业上的"流程化"模式建立起农产品电商供应链的协作,在发展过程中对农产品上行主要有以下值得赞许的做法:

(1)制定并推行了农产品的产销标准。这使得杂乱无章的初级农产品向适合网货的商品转变有了规范。协会通过农村合作组织推动农户和加工企业按照网货标准去生产和加工,提升了当地网货质量。

(2)设立O2O的网货分销平台,网商们可以在网货供应平台里面选货,统一制作商品的数据包(图片、详情页描述),降低了网商售卖的技术门槛。

(3)提供统一仓储和订单发货以及售后服务,使网商可以零成本、零库存创业。

(4)推动农村电商的社会化大协作。整合农村电商的上游生产端、下游销售端,自己专注于商品数据、仓储、发货、售后等中游服务端。这样就实现了农村电商的一整条供应链的良性协作。

图3-1所示为遂昌网点协会网货供应平台线下服务站图。

图 3-1 遂昌网点协会网货供应平台线下服务站

(二) 赶街网——新农村电子商务服务站

赶街网的核心任务是助力工业品下乡和农民生活服务电子化。2010 年左右，农村的网络基础设施差，很多农民没有条件触网。遂昌赶街依托当地已有的小超市和便利店等建立起村级电商服务站。赶街公司为每一个村网店提供可以上网的电脑，由老板代发、代收包裹和网上的寄卖服务。这与淘宝的村小二有点类似。赶街网还利用团购规模，为村民购买到更便宜的网上家电、家具和生活用品等，真实为农民买到便宜好货服务。除此之外，赶街网还利用各村镇的服务站点为农民提供手机充值、各项缴费等生活服务。通过赶街网新农村电子商务服务站，让遂昌当地农民享受了互联网带来的红利。

浙江遂昌赶街公司自 2010 年起一直在农村电子商务服务体系方面深耕，获得了阿里巴巴公司的青睐、政府的首肯和媒体的关注。目前作为遂昌县电子商务发展引导性的力量，继续推进农村电子商务的发展。从 2020 年遂昌县电子商务进农村综合示范项目中标结果可以看出 (见表 3-2)，赶街公司继续承担遂昌农村电子商务发展主导性力量。

表 3-2　2020 年遂昌县电子商务进农村综合示范项目中标项目公示表

序号	项目名称	主要内容	项目承办单位	资金额度/万元	完成时限	项目承办单位责任人
1	构建县、乡、村三级物流体系	完善农村物流末端网络建设，实现农产品上行和消费品下行双向共同配送，物流效率明显提高，成本明显降低	中国邮政集团有限公司浙江省遂昌县分公司	300	2022 年 12 月 31 日前	潘伟杰
2	构建农村电商公共服务体系	完善及提升遂昌县电子商务公共服务中心建设和运营，农村电商服务站（点）行政村覆盖率不低于60%，实现"天工之城"核心区块及湖山、金竹、大柘、石练四个乡镇全覆盖，打造一批示范站（点）；深化农业农村大数据创新应用，促进金融服务进村、政务服务进村、生活服务进村	浙江赶街电子商务有限公司	300	2022 年 12 月 31 日前	潘冬明
3	构建农产品上行和消费品下行双向流通体系	建立健全农产品上行和消费品下行双向流通体系，重点打造农村产品新型营销模式，优化升级农产品供应链体系设施建设	浙江赶街电子商务有限公司	355	2022 年 12 月 31 日前	潘冬明
4	构建农村电子商务培训体系	进行产业电商培训和创业培训，激发农村创新创业活力，带动返乡创业人员依托电商相关产业链创业发展，农民就地创业就业，实现创收、增收；针对不同群体，开展淘宝、微商、直播等培训课程，培育孵化一批产业、创业电商致富带头人	浙江赶街电子商务有限公司	260	2022 年 12 月 31 日前	潘冬明

续表

序号	项目名称	主要内容	项目承办单位	资金额度/万元	完成时限	项目承办单位责任人
5	构建农村电商市场运营体系	进行产业电商培训和创业培训，激发农村创新创业活力，带动返乡创业人员依托电商相关产业链创业发展，农民就地创业就业，实现创收、增收；针对不同群体，开展淘宝、微商、直播等培训课程，培育孵化一批产业、创业电商致富带头人	浙江赶街电子商务有限公司	315	2022年12月31日前	潘冬明
6	夯实农村电商产业集聚体系	壮大遂昌县、乡、村特色产业发展，深化电商专业村和电商专业镇建设，创建特色鲜明、优势集聚、市场竞争力强的特色产业，做大做强优势特色产品	浙江赶街电子商务有限公司	300	2022年12月31日前	潘冬明
7	深化电商扶贫体系	深入实施电商精准扶贫战略，做好东西扶贫协作和对口支援工作，深化服务输出、人才培育、标准输出，实现对口帮扶地区增收、脱贫，脱贫攻坚成果得到进一步巩固	浙江赶街电子商务有限公司	80	2022年12月31日前	潘冬明

来源：遂昌县政府网电子商务进农村综合示范县专栏

二、吉林通榆模式——外包服务商驱动型

通榆县位于吉林西部，盛产杂粮杂豆，是我国著名的"杂粮杂豆之乡"，绿豆、葵花等多项农产品的产量居全国之冠。通榆县是吉林2014年国家级贫困县之一，地处偏远、交通不便。通榆政府在自身无论是信息化还是营销人才都缺乏的

现况下，积极与杭州常春藤实业有限公司开展系统性合作，借助外来力量实现电商的快速发展。

通榆模式的电商发展特色有四个：

（一）政府背书——一把手工程提供了强大的领导保障

通榆县政府把本县农村电商的发展全权委托给杭州常春藤实业有限公司运营。作为一家外地的服务商，如何快速融入当地，调动当地的整个农产品供应链？通榆县专门成立了以县委书记、县长以及常春藤董事长并列为"通榆电子商务发展领导小组"，在项目的过程中，书记县长等一把手一直参与项目的设计与策划，拨付专项资金，支持电商发展，用行政力量为电商发展建立"绿色通道"，为所有农产品生产流通所需要的资质、资源协调沟通。

（二）农业产业基地支撑

通榆位于北纬45度世界公认的"黄金粮食产业地带"（见图3-2），是著名的"杂粮杂豆之乡""绿豆之乡""葵花之乡"，且已经有很多全国公认的地域公共标识产品"八面乡小米""乌兰花葵花"等。其杂粮作物的产量已经形成规模效应，能为聚土地、众筹等营销方式提供产业支撑。常春藤还成立了"三千禾合作社联合社"，且与当地最好的合作社联合在一起，为网络事件营销做坚实的后盾。

图3-2 吉林省通榆县"黄金粮食产业地带"

(三) 农产品的品牌化运作

通榆虽然是全国著名的杂粮之乡，但是单个品牌并不突出。常春藤旗下的当地云飞鹤舞有限公司以此为契机，在通榆注册了多个品牌，包括三千禾、大有年和云飞鹤舞等，并对品牌进行精心设计策划，大大提升了当地杂粮产品的品牌溢价。图3-3所示为通榆三千禾杂粮品牌图。

品牌化运作最主要的是质量和口碑。云飞鹤舞公司让当地农民将杂粮的初级产品拉进公司，进行质检和品牌化分包，保证网货的统一性特征。对所销售产品进行不定期的质检和溯源，保证消费者正向的品牌质量联想。

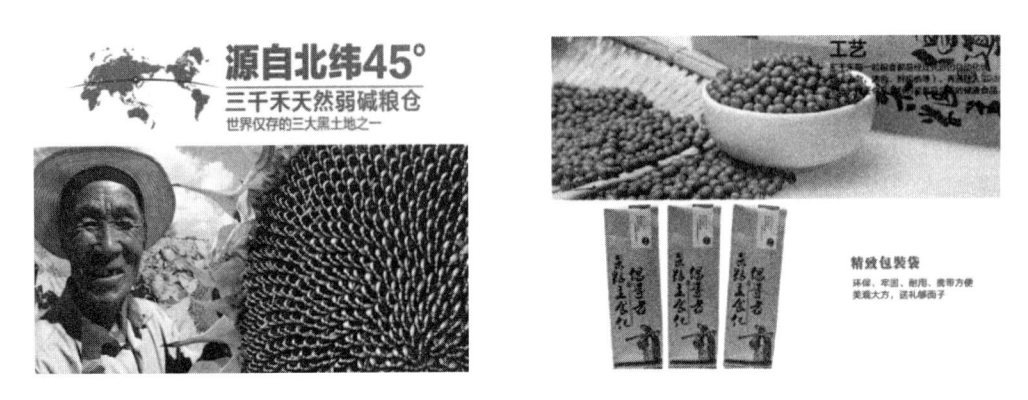

图3-3 通榆三千禾杂粮品牌

(四) 大胆推进营销创新

常春藤服务商站在互联网营销的最前沿，通过"众筹""聚土地"和多项事件营销和微营销的方式让通榆触网，策划了"免费的午餐来了——三千禾面向全国公开招募3 000名买家督导""一颗种子、一份希望——高粱村村长的坚守""三千禾东北大米——让男人想家""村里的姑娘小芳""抠出葵花图"等网络营销事件，迅速提高通榆杂粮产品的网络知名度。在做品牌宣传的时候，还争取获得当地书记和县长的支持，亲自为农产品背书。2013年10月，在三千禾旗舰店上线天猫当天，县委书记孙洪君、县长杨晓峰联名写了"致淘宝网民的一封公开信"，开创了全国第一个书记、县长在电商平台推介本地农产品的先例。

电商扶贫精准到户
助力国家级贫困县向世界发出最强通榆音[①]
——特色中国·通榆馆运营方案草案

一、盘点通榆县资源禀赋，寻找一个扶贫支点

（一）一个大背景：中国北方农村首批触网的国家级贫困县之一，地处国家级生态功能区

1. 国家级贫困县：县域总面积 8 496 平方公里，总人口 36.4 万人，其中农村人口 24.8 万人；目前全县仍有建档立卡识别的贫困村 90 个，贫困人口 103 010 人，贫困人口发生率 41.5%，分别高于全省、全国平均水平 31% 和 22%。

2. 国家级生态功能区：优先保护，适度发展，维护人与自然的和谐发展，至关重要。

3. 摆在通榆面前的大难题：既要 GDP，又要环保，鱼与熊掌必须兼得！

4. 怎么办？新时代，就要新办法！——电商精准到户。

（1）作为中国东北首批全面触网的县城之一，虽然经济基础薄弱，但电商意识相对强大，电商扶贫精准到户具有现实可行性。

（2）负面影响：电商异军突起，必然会对原有传统经济形态造成破坏。然而通榆本就处于中国经济的最末位，便也无所谓"破坏"，更重要的是"创造"。

5. 在一个大背景下的电商扶贫的意义何在？

（1）于通榆县而言，通过互联网，让世界听到通榆声音！互联网时代，贫困县也可以大有可为！电商脱贫并非不可及！

（2）于淘宝而言，电商扶贫虽不是什么新概念，但成就一个电商状态的东北县域典范，社会意义深远，其所带来的社会效应将远远大于经济效应。同时符合阿里巴巴农村淘宝战略，也是阿里巴巴成为中国国家型企业所需承担的社会责任的一部分体现。

（3）于服务商而言，从公益项目切入，参与到电商产业链建设之中，分享电

[①] 策划方案出自：莫问剑.《上山下乡又一年》，2016 年

商带来的规模效益与电商生态圈形成后的溢出效应。

(二) 三个维度:从物、人、景三大维度,找寻通榆馆电商扶贫的切入点

1. 物的维度:产品资源

(1) 具备互联网属性的品类。

品类名称		所属行政区划
小米	有机小米	兴隆山
	普通小米	八面
绿豆	出口豆	鸿兴
	芽豆	乌兰花、开通
	商品豆	
瓜子	美葵	乌兰花,鸿兴
	牙签	
	打瓜子	
蜂蜜	葵花蜜	开通
	芝麻蜜	
高粱米	糯高粱	新华
	其他高粱	
四粒红		新发
新迪红辣椒		八面
西瓜		双岗
鸡		
羊		新华
牛		包拉温都
大雁及雁蛋		向海
向海鱼及泥鳅等附属水产品		向海
红小豆、豇豆、玉米渣、高粱米等其他小品类杂粮杂豆以及东北特色黏豆包		

说明:小米、绿豆、瓜子、高粱米、四粒红、大雁、红小豆、玉米渣、黏豆包为成熟产品,其余产品的商品化程度待调查,且部分产品带有明显的季节性,如红辣椒(鲜椒)及西瓜等。

(2) 通榆农产品两大特征:

①品质优:水、土、光照条件好,且无工业污染,粮食品质优。

②价格竞争力不足:相比黑龙江省的农业大县,通榆农产品品类偏小众,产

量相对不高。且作为国家级生态功能区，鉴于环保的考虑，也绝不能盲目扩大产量。通榆农业目前仍处于自给自足的封闭经济圈，规模效应并不显著。因而将通榆农产品独立置于电商平台之上，价格竞争力略显不足。

2. 人的维度：农民、致富带头人、初级农民企业家

（1）目前中国的淘宝村太多了，然而更多的淘宝故事发生在江浙一带，北方尤其是东北偏少。而通榆全面触网早，且作为阿里巴巴农村淘宝北方第一个试点，太多的村民都有着自己的"淘宝故事"。

（2）故事举例：农民故事，如曾经因在淘宝卖葵花盘上过央视的形波；通榆很多村村书记本人便是村里的致富带头人，不仅精通农业，而且还是淘宝达人，更重要的是他们非常热心，在村里做了很多好事，如成立合作社，帮助困难户解决买化肥难的问题；已经具备品牌意识的农民企业家，如兴隆山卖黏豆包的孙姐弟，还自创了"别拿豆包不当干粮"的广告语。

3. 其他通榆元素：仙鹤、蒙古族乡（向海、包拉温都）、向海湿地、万亩杏花林、黄榆景区。

（三）结论

（1）单纯的物、人、景都是不够的，无法形成鲜明的通榆互联网特质。

（2）由物切入，挖掘背后人的故事，将人置于通榆这片黑土地之中，置于通榆正如火如荼的电商大背景之下，通过互联网的力量，推出群体形象，并且帮助这个群体，才是通榆电商扶贫要做的事。

（3）通榆电商扶贫，是帮扶通榆县真正需要帮助的、有互联网意识的可以向社会传递正能量的一群农民，绝非帮扶只会哭穷的"扶不起的阿斗"。

二、运营思路：贫困县如何接入互联网＋，向世界发出通榆声音？

（一）特色中国·通榆馆做什么？

集中线上线下优质推广资源，整体推出中国东北农民的群体形象。他们不是普通农民，而是一个特殊的群体，身上贴着共同的身份标签：来自通榆县，人穷志不穷！

（1）定位：扶贫项目，公益属性。先造势，后销售。社会效益第一，经济效益第二。

(2) 什么是通榆声音?

个人的声音是微弱的,如果集合一群人,发出同一个声音,就可以产生撼动大地的音效。通榆声音代表了东北偏远小县城里的农民群体形象。"出身贫寒,却不甘于贫寒。"通榆将向全国乃至世界传递一种声音:种地也可以成为一项事业,人穷亦可志坚,农民也可以有梦,弱势群体也可以传递改变生活的正能量。

(3) 通榆声音要达到什么样的效果?即特色中国·通榆馆的目标设定。

①社会效应:进一步为通榆电商造"名",强化当地电商意识;向社会传递正能量,唤起人们的爱心,帮助那些该帮的人。

②经济效应:利用淘宝平台的流量优势,以项目众筹、产品众筹,直接实现一对一的精准扶贫到户(实现通榆优质农产品输出),未来通榆馆不仅仅要成为淘宝特色中国县级馆的典范,更要为电商扶贫推开一扇门。

(4) 通榆声音"强"在哪里?

①强在时机。通榆先于其他县域触网,抢得电商先机。2014年已形成通榆模式。

②强在群体效应。一个村,一个贫困村,100个贫困户,发出同一种声音,足以撼动直至震撼数亿的中国网民。

(二) 怎么做,如何实现通榆馆的目标?

(1) 综述:场景营销,以情动人。以不同的分类方式,逐个推出各类农民群体形象,讲述他们的淘宝故事,比如村书记专场(每个村都有自己的拳头产品,村书记亲自为产品代言等形式)。充分利用视频等技术手段,让农民与网民更直观地亲密接触,号召全国网民为正能量点赞,为正能量买单。

(2) 产品策略。

①着力主打一个品类——小米。以山西沁州黄为竞争对手,亦是学习和超越的对象。将小米按照不同品相(如普通小米和有机小米)和不同区域(如八面小米),把小米一个品类做深做透,达到"通榆的小米才是真的好"的效果。讲好每一个有关小米的故事,无论是大段河米业的企业家故事,还是曾经的八面村书记老丁头将小米产业化的故事,抑或是普通村民的小米故事。

②其余季节性产品,以各类主题营销活动的形式轮番推出。如夏季可以推出

鲜辣椒采摘行、双岗西瓜向黑水宣战等主题活动，冬季可以推出向海冬捕、通榆年味节、创意美葵节等。

③无论是季节性产品还是主推产品均与背后的人物、群体相关。

（3）营销策略：一品，一人，一村，一个视频。开馆时可以制作一个通输声音形象宣传片，集合最具代表意义的各类通榆农民形象，在通榆的黑土地背景下，每人讲一段话，说明几个问题：我是谁？我是做什么的？遇到什么困难？希望得到什么帮助？

（4）视觉策略：淳朴，纯粹。中国东北的国家级贫困县，蓝天黑土。视觉上要达到一种"纯"的意境，给人真实可信之感，免华而不实的花。

（5）淘宝资源对接举例：在淘宝故事频道，推出通榆群体故事；在聚划算、挑食、淘金币、天天特价等推出最好的通榆农产品；在淘宝众筹进行小众品类的产品众筹等。

三、里程碑事件：三大网络事件营销

（一）开馆主打众筹

以众筹包拉温都生态牧场为主，辅以"羊年要认领洋洋得意"和带有环保意义的认领人工养殖大雁的众筹项目。

（1）众筹包拉温都生态牧场：主打蒙古族乡的少数民族文艺情怀，以牛、羊等为产品回报，辅以骑马游牧场的旅游项目。

（2）认领洋洋得意：通榆县最多的农产品，找不到销路的农产品实际上是羊。通过羊的产品众筹，实现电商扶贫。

（3）认领大雁：通榆县土地不能过度耕种，不耕种，农民如何增收？去养大雁吧！养殖大雁的经济价值很高。认领大雁，可以从认领一颗雏蛋开始，然后是雏雁，给雏雁带上一个刻有认领者名字的指环，向认领者全程投放雏雁成长并放飞的视频。认领大雁重在好玩儿，而非好吃。

（二）通过挑食、天天特价或淘金币等渠道，推出通榆的网络特产节

其分为绿豆节、美葵节和小米故事，其中绿豆节与美葵节更多地鼓励用户参与，强调互动，晒芽豆发芽照或是创意葵花盘照，即可获得通榆县明信片一张等。

（1）绿豆节：集中推出不同品相的绿豆及豆农，主打夏季败火的营销概念。

把通榆出口日韩的拳头品类推向全国。

(2) 美葵节：以"寻找中国最美的瓜子"为主题，销售通榆各个品类的瓜子。以"整盘新鲜葵花盘直送"为概念进行创意营销活动，鼓励消费者晒出吃完的葵花盘图案。

(3) 小米故事：通过淘金币、挑食等活动，推出诸如"那些年的米农米事儿"的主题活动。目的是抢得通榆小米在淘宝小米品类中的应有情分。

(三) 向海冬捕

(1) 做什么？以查干湖冬捕为学习目标和超越对象。卖鱼的同时，整体推出通榆第二个少数民族乡——向海乡。

(2) 希望达到怎样的效果？作为通榆馆2015年的最后一波营销活动，向海冬捕在继续深入造势，在产生社会效应的同时，争取实现通榆馆的销售额突破。

四、通榆馆可持续发展之路及愿景展望

2015年，通榆馆将在淘宝平台上进行各种不同形式的电商扶贫的尝试。未来，逐步累积一批有爱心的人士，培养一批通榆迷，进行会员营销。更重要的是，通过通榆馆电商扶贫平台的搭建，帮助通榆人更加解放思想，培育更浓厚的电商氛围，创造更多的就业机会，真正脱离贫困。

三、江苏睢宁"沙集模式"——农民网商驱动型

睢宁县位于淮海平原，江苏省西北部。2014年属于国家级贫困县之一，经济发展落后。2006年孙寒等农民等自发尝试互联网创业，成功后引起周围乡亲们的效仿，农民淘宝创业者裂变式增长，在短短的几年时间里，产生了享誉全国的"沙集模式"。

目前，互联网的春风已使睢宁发生了翻天覆地的变化。由网上销售反推加工生产，实现了家具产业的产业化。截至2020年9月，沙集镇电商家具企业销售总额达87亿元。在内销的同时向跨境电商迈进，在新加坡、马来西亚、泰国开站点，开设跨境电商速卖通店铺和Wish店铺，在新加坡设立海外仓，向国际进军。

从沙集模式的形成里程可以看出,沙集的农村电商发展呈现以下特点:

(一)创业者的创新和示范效应

2006年,返乡大学生孙寒开设了睢宁东风村第一家网店,起初主要经营充值卡、小家电。2007年,孙寒在上海宜家看到一些别致的简易、拼装木质家具,产生了把这些家具放到网上卖的想法。于是,他买了几件样品回村,找到两个小伙伴并把想法告诉他们,三人达成一致意见,开始到处找木匠,设计、加工、上网销售。

在经营网店之初,一个普通的书架利润高达70%~80%,网络销售拼装家具的高利润产生了强烈的示范效应,村民们都争着讨教网销致富方法。他们也毫不吝啬地传授网销知识和技术。在他们的带动下,短短两年时间,农村电商在沙集镇和周边镇村如雨后春笋般迅速成长。

图3-4所示为沙集镇东风村家具组装厂图。

图3-4 沙集镇东风村家具组装厂

(二)政府的适时引导和促进

沙集的拼装家具网销业是自发式发起,裂变式增长。但是只靠农民自发的行为,会触到市场天花板。比如产品价格战、质量偷工减料、知识产权等。2009年起,睢宁县政府敏锐地发现"互联网+家具"的发展潜力,开始在全县进行推广,并大力引导、扶持。睢宁政府及时出手,出台政策规范网商行为,建设电子商务产业园(见图3-5)让电商服务体系在园区聚集,形成产业集群,助推了睢宁农村电商的发展。2017年,集家具厂、仓储、物流和电商服务体系为一体的沙集智慧电商产业园拔地而起,为沙集农村电商产业聚集和产业省级起到了极大的推动作用。2020年,沙集镇电商生产企业1 256家,物流企业14家,配套企业301家,带动相关从业人员3.15万人。

图 3-5 沙集镇智慧电子商务产业园

(三) 电商专业服务的聚集

农村电商,特别是淘宝村的发展,需要有业态丰富、功能互补、紧密协同的各行业参与其中,形成良性的电商生态聚集环境。目前沙集镇大大小小逾2万家电商企业周围已经聚集了摄影摄像、店铺运营、品牌推广、运营咨询、法律服务、融资理财、审计代账等专业的服务商(见图3-6),物流企业达80多家,有效形成了电商的聚集。

电商改变了沙集镇贫穷落后的模样,使得睢宁农村地区的发展越过了工业化,直接走进了信息化,实现了跨越式的发展。2018年睢宁被评为全国百强县、全国投资潜力百强县和全国科技创新百强县。

图 3-6　沙集镇电商小微企业代账服务商

四、陕西武功模式——集散地+龙头网商

陕西武功县地处关中平原西部，是典型的农业大县，2014 年陕西省县域经济排名 42 位。武功县区位优势明显，距离省会西安 70 公里，距离咸阳机场 50 公里，是陕西省重要的交通枢纽和物资集散地。

2013 年开始，武功开始探索发展农村电商，提出"立足武功、联动陕西、辐射西北、面向丝绸之路经济带"的电商发展新思路，先后引进陕西美农、西北商贸、陕西新思路等 78 家知名电商企业。2019 年武功全县电商日均发货量突破 15 万单，电商销售额 41.22 亿元，成为西北电商第一大县。先后荣获国家电子商务进农村综合示范县、全国百县百品十佳县、中华全国供销系统电子商务示范县、陕西省电子商务示范县、全国电子商务创新发展百强县、全国互联网+农业十大标杆县、国务院扶贫办电商扶贫县级典型案例等殊荣。

武功县发展农村电商的力破千钧之势，源于农村电商农业供给侧的三大基础优势：

（一）独特的区位交通优势

武功县地处关中平原西部，县域交通十分便利。西宝高速公路、陇海铁路、西宝中线、西宝北线和省道107穿境而过，城区东距省会西安70公里，距咸阳国际机场50公里，西距工业重镇宝鸡80公里，地势平坦开阔，地理位置优越，是关中地区重要的交通枢纽和物资集散地。武功县突破了我国西北地区农产品物流限重、流通成本过高的"瓶颈"，充分发挥了武功交通便利的区位优势，构建了电商"买西北、卖全国"的营销模式。在高速公路旁边建立了电子商务产业园（见图3-7），实现农产品上行的聚集式发展，极大地降低了物流成本。作者曾在武功县调研，一箱40斤重的苹果，全国物流发货价只要5元，物流优势明显。

图3-7 紧邻连霍高速出口的武功县电子商务产业园

（二）农业产业基础优势

武功县是传统农业大县，辖区内猕猴桃种植面积已经达到11.6万亩，位居全省第三位，年产量近10万吨，居全国第三，是省级猕猴桃标准化示范区。目前武功县100亩以上的猕猴桃园区达到120个，500亩以上26个，1 000亩以上15个，培育了一大批龙头企业和专业合作社。武功县在农产品电商走入快车道以后，更加重视农业的供给侧改革，规划杂果产业区、千亩猕猴桃产业带等，加大猕猴桃产业的品种改良，为电商的可持续发展做准备。目前武功县积极实施"互联网+果业"战略，大力发展优质猕猴桃，与中国网库合作打造"中国猕猴桃产业电子商务基地",编制了陕西省首部猕猴桃地方技术规范,被"全球百大优质原产地·天猫直供"确定为"中国·陕西·猕猴桃"原产地。图3-8所示为陕西武功猕猴桃连片种植及加工基地。

图3-8 陕西武功猕猴桃连片种植及加工基地

(三) 政府的积极推动

在阿里巴巴研究院主编《互联网+县域:一本书读懂县域电商》中,将武功电商归纳为政府驱动型。政府在构建县域电商发展中起到了主要推动作用。其政府主要做出的贡献有:

（1）明确电商发展定位。农村电商的发展，千县千面。武功县无论是经济产业发展还是互联网应用基础都比不上东部地区。武功县政府召开多次会议，根据武功的交通优势，提出"立足武功、联动陕西、辐射西北、面向丝绸之路经济带"的"买西北、卖全国"发展定位（见图3-9），让新疆的大枣、葡萄干，宁夏的枸杞、羊肉，甘肃的白兰瓜、花牛苹果，还有众多陕西特产，都成为武功电商的主打产品。

图3-9 武功县农村电商"买西北、卖全国"的发展定位

来源：网络

（2）引进大型的电商企业和物流企业。武功县先后引进陕西美农、西北商贸、陕西新丝路等78家知名电商企业。其中陕西美农网络科技有限公司是集农产品种植、食品研发、生产加工、社区新零售、国际贸易等多种产业为一体的示范企业，建立社区店覆盖居民100多万，2020年面向终端消费者的销售规模达10亿元，有力带动了当地农村电商的发展。除此之外，还在电商产业园引进菜鸟、邮政、中通、圆通等物流快递企业，解决了农产品上行冷链物流和物流成本高居不下等问题。

（3）构建农村电商服务保障体系。武功县政府提出了"一二三四五"的发展思路，即组建电商领导小组，成立农产品经营者协会和电子商务协会，把握县域电商运营中心、实现村村通配送体系建设和电商配套资金支持政策等三个关键，搭建农村电商孵化中心、数据保证中心、检测中心、健康指导实验中心等四大平台，落实免费人员培训、办公场所、注册、网络、上传产品等五免政策。武功县政府将这些政策和措施做成宣传栏前置在武功县农村电子商务产业园内（见图3-10），让进出产业园的每一个人都熟知电商发展规划，凝聚了电商发展氛围。

图3-10　武功县电子商务产业园内电商发展思路宣传栏

五、河北清河模式——产业+互联网

清河县位于河北省东南部，被誉为"中国羊绒纺织品名城""中国羊绒之都"。20世纪80年代清河是中国最大的羊绒纺纱基地，但2000年以后，因为销售渠道不畅和缺乏品牌运营经验，生产销售陷入低谷。2007年以后，当地东高庄村村民刘国玉开始在淘宝销售羊绒制品，并成为全县有名的"淘宝大王"，此后形成了示范效应，以东高庄村为核心，淘宝商户迅速向全县蔓延。2008年9月，清河羊绒制品市场建成，加速了清河电商的产业规模化和集群化。专业设计、品牌运营、人才培训等服务商开始出现，羊绒企业规模也开始做大。

2019年销售额突破100亿元，成为全国最大的羊绒制品网销基地。清河羊绒网上店铺超过35 000家，全县羊绒品类商标注册量4 000余个，年均商标注册量500个，拥有中国驰名商标5个、河北省著名商标10个、中国服装成长型品牌53个，清河羊绒被认定为"国家地理标志证明商标"。除此之外，跨境电商也开始走向扩张之路。

清河农村电商模式和广东普宁电商有类似之处，都是依托当地特色产业，由线下转线上爆发、扩张。清河农村电商发展的独特性体现在三个方面：

（一）当地特色产业驱动电商发展

"世界羊绒看中国、中国羊绒看清河"，20世纪70年代开始，清河羊绒产业的线下规模已经达到了当时中国市场的60%以上，产业底蕴非常雄厚。在清河县东高庄村，大部分村民都在工厂从事羊绒的生产加工，精通从分梳到纺纱到织衫等各个环节，积累了丰富的羊绒生产经验。在东高庄村最大的羊绒企业东高集团倒闭以后，他们都干起了小型加工厂和家庭作坊。淘宝网销售羊绒衫兴起以后，这些小型企业主迅速转战线上，凭借对羊绒行业丰富的经验和知识，网店数量迅速扩张。

（二）专业市场发挥产业聚集作用

梅燕（2021）认为农村电商产业聚集是指在特定农村地区，具有一定相关性的电商产业和服务机构集中在一起，依靠第三方电商平台的支持，将传统产业与创新的销售模式、企业组织形式相结合，形成依靠电商产业链接而成的企业群体。2008年，规划面积近千亩的清河羊绒制品市场建成。市场管委会将有一定规模的电商企业聚集在一起，因势利导，将线上和线下市场进行融合，加大对电商的引导和扶持力度。目前，清河羊绒市场内聚集了大量的羊绒生产企业供货商摊位，对于电商卖家来说，在同一天可以走完接单、拿货、发货的过程，节约了成本，提高了效率。除此之外，市场内还聚集了各位摄影摄像、产品设计开发、培训、电商运营服务等各类电商服务商，形成了功能完善、分工明确的电商专业市场，如图3-11所示。

图3-11 河北清河县羊绒制品市场

(三) 政府适时推进市场规范和产业升级

农村电商，特别是轻工制成品产业在经过爆发期，进入成熟期后都会出现一系列问题，例如中小企业研发能力比较弱，产品同质化严重，结果加剧了同行的市场价格战和产品品质下降，就是所谓的"劣币驱逐良币"的市场失灵现象。此外，一些产销一体的大型羊绒企业因为高级人才缺乏，为了更好的发展不得不将运营中心迁到江浙地区。

基于现实情况，清河县政府出台了《清河县推进电子商务发展扶持政策》，县政府制定了《清河县电子商务发展规划》（2015—2017）、《清河县加快电子商务发展行动计划》（2018—2020）等相关政策措施推进了电商市场的发展。

为了留住大企业和引进服装设计、质量检测、品牌运营方面的高级人才和机构，清河县在制定优惠和激励政策时，还出台了一些诸如"重点保护企业挂牌""安排子女进入财政序列"等措施。在电商人才培训方面，清河引进多个专业的电商培训公司，建成了清河电子商务创业孵化基地，为全县的电商企业提供培训和孵化成长。

为了提高清河羊绒产业在全国和世界的知名度和美誉度，清河每一年都举办清河国际羊绒及羊毛制品交易会，至今已经举办了27届（见图3-12）。

图3-12 第二十七届中国·清河国际羊绒及羊毛制品交易会

中国县域电商"五大模式"经济环境及发展特色情况表如表3-3所示。

表 3-3 中国县域电商"五大模式"经济环境及发展特色情况表

县域电商模式	县域电商驱动类型	经济区位环境	电商产业特色	电商发展特色	经济发展现状
浙江遂昌"赶街模式"	本地协会+网商服务商	山区地貌，生态环境好，农产品丰富	竹炭，农副产品	1. 组建电子商务协会+本地电商服务商驱动农民触网	2020年生产总值130.81亿元，较2014年增长55.8%
		2014年浙江省十大贫困县之一，经济发展落后		2. 建设赶街网，在乡镇布局赶街消费品下行及生活电商信息服务体系，推进农村互联网化	2020城镇居民可支配收入48 254元，农村居民可支配收入20 749元
		距省会杭州250公里	互联网+农副产品上行和消费品下行	3. 以农产品供应链管理为核心，为当地农民的农产品提供统一包装、统一配送、统一售后等标准化服务，打通农产品上行体系。把散变成规模化	2020电商零售交易额约22亿元
江苏睢宁"沙集模式"	加工厂+农民网商——淘宝创业驱动	位于淮海平原，江苏省西北部	家具生产装配和网络销售	1. 无中生有——通过淘宝网创业催生了家具生产，网销产业链，并形成电商创业示范效应	2020年生产总值430亿元，较2014年增长35%
		2014年国家级贫困县之一，经济发展落后		2. 政府及时扶持，建立电商产业园，产生电商及配套服务聚集效应	2020全县居民可支配收入24 980元
		距省会南京250多公里			2020年电商交易额近300亿元
陕西"武功模式"	集散地+网商龙头企业	位于关中平原西部，农业产业基础好，物产丰富	猕猴桃网络销售	1. 提出"买西北、卖全国"电商发展观念，规划农产品电商产业园，成为西北农产品集散地	2020年生产总值153.16亿元，较2014年增长30.4%
		2014年陕西省县域经济排名42位	西北苹果、大枣、新疆干果等全国网络销售	2. 政府对县域电商进行科学规划和政策引领及配套服务支持	2020年城镇居民可支配收入36 451元，农村居民可支配收入12 349元
		交通便利，距省会西安70公里，距咸阳机场50公里		3. 农产品产业规模化，注重技术创新，引进大型电商龙头企业	2020年电商交易额45亿元

续表

县域电商模式	县域电商驱动类型	经济区位环境	电商产业特色	电商发展特色	经济发展现状
吉林"通榆模式"	引进外地综合服务商+农产品品牌、营销创新驱动	东北农业大县，农产品杂粮丰富	大豆、葵花、小米等网络销售	1. 引进县域电商服务商云飞鹤舞科技公司，对接当地农业做营销服务	2020年生产总值79.1亿元
		2014年国家级贫困县之一，经济发展落后		2. 农产品品牌运营，统一农产品"三千禾"及"大有年"品牌	2020年城乡居民可支配收入23 747元和10 988元
		距省会长春约300公里		3. 推进营销创新，政府对农产品电商上行的资金、政策以及为农产品背书的大力营销支持	2020电商交易额61亿元
河北"清河模式"	线上线下——产业+互联网驱动	20世纪70年代开始羊绒为清河立县产业	清河羊绒产业	1. 当地特色羊绒产业驱动电商发展	2020年生产总值147.7亿元，较2014年增长14%
		2014年河北省特色产业名县名镇	空气滤清器等	2. 专业市场发挥产业聚集作用	2020年城镇居民可支配收入33 919元、农村居民可支配收入18 213元
		距石家庄机场、济南机场150公里路程		3. 政府适时推进市场规范和产业升级	2020年电商交易额137亿元

备注：2014年国家级贫困县采用1992年标准，人均纯收入低于400元纳入国家级贫困县

第四章

广东农村电商发展概况

一、广东区域经济发展呈现不平衡特征

(一) 广东经济发展呈现两极分化现象

广东是中国第一经济大省,省域经济综合竞争力位居全国第一,经济总量连续 31 年居全国第一位,已达到中上等发达国家水平。然而广东省内珠三角地区和粤东西北地区的经济和居民收入呈现两极分化态势(见表 4-1 和图 4-1)。

表 4-1 2013—2019 年广东省分区域生产总值 单位:万亿元

项目	2013	2014	2015	2016	2017	2018	2019
珠三角	53 472.83	57 844.44	62 541.37	68 196.86	74 953.26	80 440.72	86 899.05
粤东	4 485.43	4 877.85	5 191.89	5 693.82	6 076.09	6 514.48	6 957.09
粤西	5 189.91	5 644.08	5 867.34	6 223.19	6 768.29	7 207.33	7 609.24
粤北山区	4 054.36	4 407.64	4 662.99	5 081.21	5 467.48	5 782.69	6 205.69

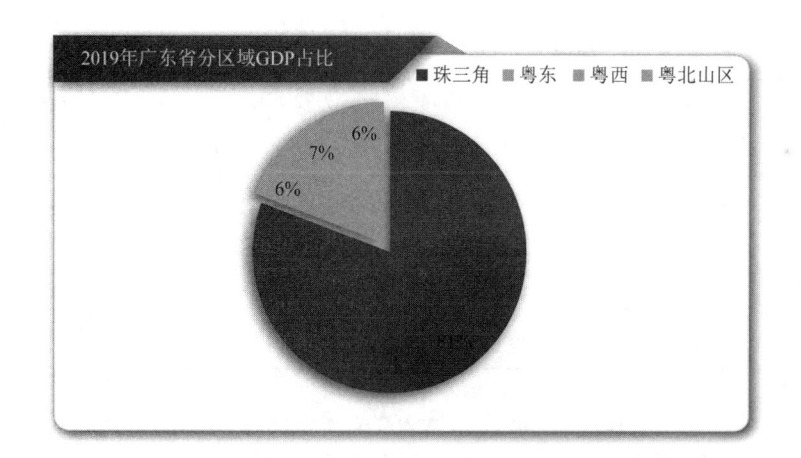

图 4-1 2019 年广东省分区域生产总值占比情况

从表 4-1 和图 4-1 可以看出,2019 年广东 GDP 突破 10 万亿,其中珠三角地区 9 个地市的 GDP 总量接近 8.7 万亿元,占 81%,其他粤东西北 12 个地市合计仅占 19%。

(二) 广东省区域内居民收入水平差距大

根据《广东省统计年鉴 2020》数据显示,广东省区域内人均生产总值差距大,

其中珠三角地区人均生产总值136 334.9元，为粤东和粤北山区的近四倍（见图4-2和表4-2）。相近距离，发达的交通网络，促使珠三角地区发挥了经济上的"虹吸"作用，粤东西北的人才相继流入到珠三角地区。如表4-3所示，2019年珠三角地区人口省内净迁移380 660人，省外净迁移606 958人。而粤东西北地区的人口不仅大量迁移到珠三角地区，省外净迁移数量也比较大。

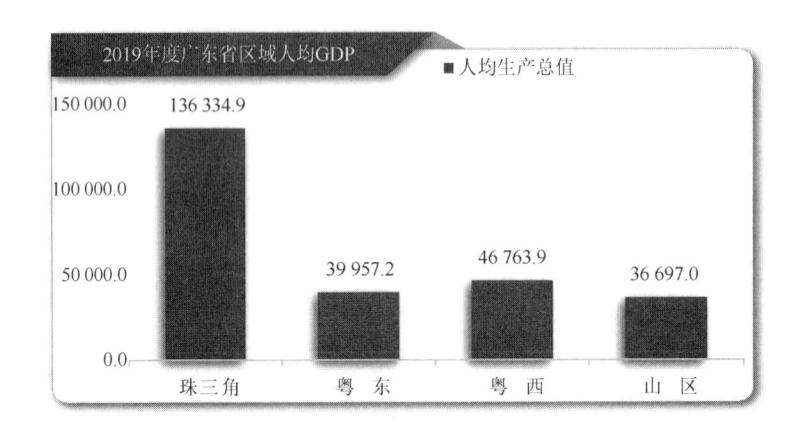

图4-2 2019年度广东省地区GDP差异

表4-2 2019年广东省分区域城镇和农村居民收入差异表

按经济区域分	人均生产总值/元	城镇居民可支配收入/元	农村居民可支配收入/元	农村居民收入占比/%
珠三角	136 334.9	56 638.7	25 025.8	31
粤东	39 957.2	28 569.8	16 386.8	36
粤西	46 763.9	30 552.5	17 932.4	37
粤北山区	36 697.0	29 828.0	16 490.8	36

表4-3 2019年广东省分区域人口净迁移情况

按经济区域分	迁入/人		迁出/人		净迁移/人	
	省内迁入	省外迁入	迁往省内	迁往省外	省内	省外
珠三角	559 098	685 981	178 438	79 023	380 660	606 958
粤东	46 547	15 471	166 824	22 255	-120 277	-6 784
粤西	56 751	16 923	147 145	26 920	-90 394	-9 997
粤北山区	72 250	30 456	201 324	27 048	-129 074	3 408

(三) 广东省贫困县和贫困村较多

所谓全国最富庶的地区在广东，全国最贫穷的地区也在广东。2018年广东有国家级贫困县3个，省级重点扶贫特困县13个，山区特困县12个，2 277个相对贫困村。学者陈刚（2020）运用GIS空间分析技术将广东省贫困村的空间分布特征进行分析。研究表明，贫困村聚集分布于粤东和粤北相邻地区，致贫因子包括：交通闭塞，公路网络密度较低；远离城镇，缺乏辐射带动；产业薄弱，经济水平较低；生态脆弱，生存环境恶劣。

深圳南山区是广东最富裕的辖区。2019年，南山区生产总值6 103.69亿元，分别是广东最贫穷的阳山县、乳源县、陆河县3个贫困县的53倍、61倍、71倍；深圳南山区人均生产总值2019年401 638元，为梅州五华县的28倍（见表4-4）。

表4-4 广东省人均GDP前五和后五的对比

县（区）	人均GDP	县（区）	人均GDP
南山区	401 638	丰顺县	21 830
黄埔区	309 228	雷州市	21 644
天河区	285 558	惠来县	21 400
福田区	275 830	紫金县	20 935
盐田区	269 879	兴宁市	17 604
越秀区	262 536	五华县	14 253

图4-4来源：陈刚，吴清，刘书安.《广东省贫困村空间分布特征及致贫因子》2020（3）

二、广东淘宝镇/淘宝村发展情况

根据《广东省统计年鉴2020》数据显示，2019年广东省商品和服务类电商交易额57 021.52万元，增长率10.5%，其中商品类电商交易额47 050.38万元，服务类电商交易额9 971.14万元。在电商交易额中，以零售为主的B2C和C2C交易额为26 861.56万元，如表4-5所示。

表 4-5 广东省 2019 年度商品、服务电商交易情况

交易类目	交易额/万元	增长率/%
广东商品、服务类电商交易额	57 021.52	10.5
按交易平台分		
广东在本地平台实现的电商	26 994.69	5.7
广东在省外平台实现的电商	30 026.83	15.2
按交易对象分		
B2B + B2C	30 159.96	4.9
B2C + C2C	26 861.56	17.7
按交易内容分		
商品	47 050.38	11.1
服务	9 971.14	8.0

数据来源：《广东省统计年鉴 2020》

（一）广东省淘宝村分布

广东省农村电商在全国属于领先水平，其主要形态是淘宝镇/淘宝村的地理聚集形态。2013 年，广东出现广州番禺区里仁洞村和揭阳军埔村两个淘宝村，后面几年，淘宝村的数量呈几何倍数增长。至 2020 年，全省淘宝村的数量已达 1 025 个，位于全国第二，仅次于浙江，如表 4-6 所示。

表 4-6 2009—2020 年全国各省（自治区、直辖市）淘宝村数量变化

省份/年份	2009	2013	2014	2015	2016	2017	2018	2019	2020
浙江	1	6	62	280	506	779	1 172	1 573	1 757
广东		2	54	157	262	411	614	798	1 025
江苏	1	3	25	127	201	262	452	615	664
山东		4	13	63	108	243	367	450	598
河北	1	2	25	59	91	146	229	359	500
福建		2	28	71	107	187	233	318	441
河南			1	4	13	34	50	75	135
湖北			1	1	1	4	10	22	40
天津			1	3	5	9	11	14	39
北京				1	1	3	11	11	38
江西			1		3	4	8	12	19	34

续表

省份/年份	2009	2013	2014	2015	2016	2017	2018	2019	2020
安徽					1	6	8	13	27
四川			2	2	3	4	5	6	21
上海									21
陕西						1	1	2	16
湖南				3	1	3	4	6	12
广西						1	1	3	10
辽宁				1	4	7	9	11	9
重庆						1	3	3	9
山西				1	1	2	2	2	7
云南				2	1	1	1	1	6
吉林				1	1	3	4	4	4
贵州						1	1	2	4
新疆						1	1	1	3
黑龙江								1	2
宁夏						1	1	1	1
海南									1
甘肃									1
合计	3	20	212	779	1 311	2 118	3 202	4 310	5 425

数据来源：阿里研究院，2020年9月

广东的淘宝村分布比较集中，珠三角地区的广州、东莞和粤东地区的汕头、潮州和揭阳地区占了73%，如表4-7和图4-3所示。

表4-7 广东地区淘宝村数量分布区域

地区	淘宝村数量	占全省淘宝村比重/%	占全国淘宝村比重/%
广州市	192	19	4
东莞市	184	18	3
汕头市	126	12	2
潮州市	122	12	2
揭阳市	121	12	2
其他	280	27	5
合计	1 025	100	18

数据来源：阿里巴巴研究院《淘宝村研究2020》

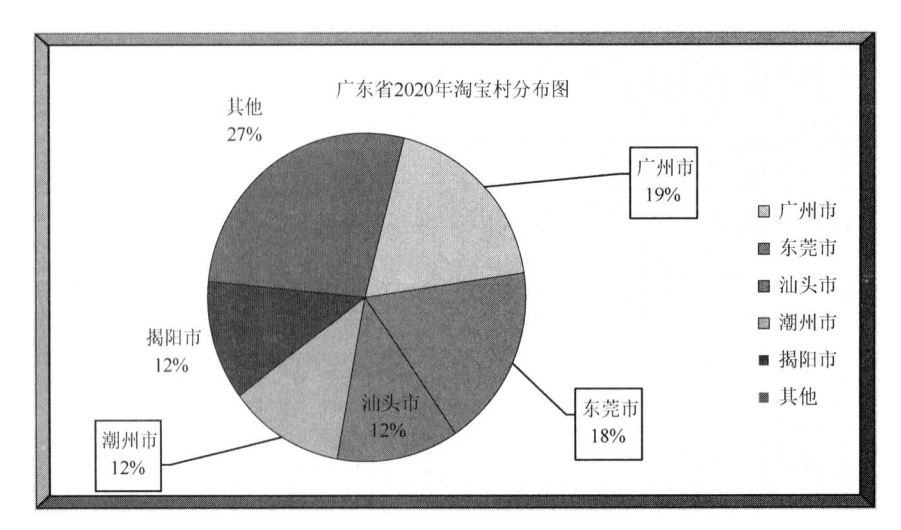

图 4-3 广东地区淘宝村数量分布区域占比

从图 4-4 可以看出中国年交易额过亿的淘宝村分布中，广东省共有 234 个，说明了广东农村电商的发展活力。

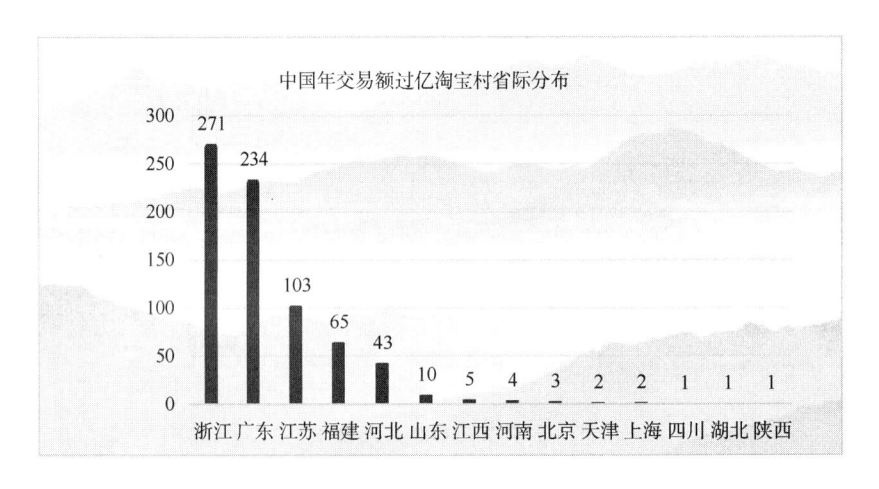

图 4-4 中国年交易额过亿的淘宝村数量区域分布

(二) 广东省淘宝镇分布

在代表农村产业集聚的淘宝镇方面，广东省 2019 年有淘宝镇 155 个，2020 年升至 248 个，实现近一半的增幅，说明了广东省自发式农村电商活力充足。

在淘宝村交易规模中，根据阿里巴巴研究院《2020 中国淘宝村研究报告》数据显示，年交易额在 3 亿元以上的淘宝镇有 119 个（见图 4-5），在全国属于领先地位。

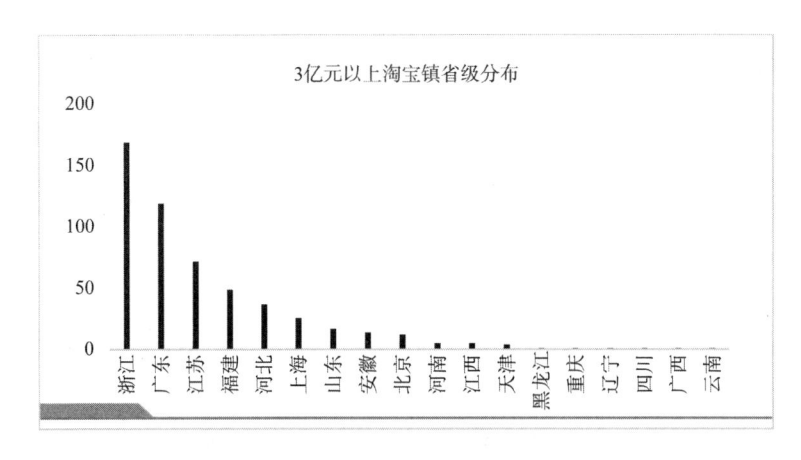

图 4-5 全国年交易额过 3 亿淘宝镇数量区域分布

如表 4-8 所示，从 2020 年广东省淘宝镇数量来看，排名前三的分别为揭阳市 35 个，东莞市 28 个，广州市 23 个，汕头市 23 个。从分布情况来看珠三角地区和粤东占 92%，其他零星分布在粤西和粤北山区。

表 4-8 广东省淘宝镇分区域数量分布

区域	市	2019 年淘宝镇个数	2020 年淘宝镇个数	2020 年淘宝镇合计
珠三角地区	东莞市	28	28	124
	广州市	11	23	
	惠州市	13	20	
	中山市	18	18	
	江门市	6	18	
	佛山市	11	13	
	肇庆市	1	2	
	珠海市	0	2	
粤东地区	揭阳市	24	35	84
	汕头市	13	23	
	潮州市	12	16	
	汕尾市	7	10	
粤西地区	湛江市	1	4	12
	茂名市	1	4	
	阳江市	0	4	

续表

区域	市	2019年淘宝镇个数	2020年淘宝镇个数	2020年淘宝镇合计
粤北山区	梅州市	5	6	15
	韶关市	0	3	
	河源市	2	3	
	清远市	1	2	
	云浮市	1	1	

（三）广东省淘宝村百强县和淘宝村直播50强分布

截至2020年，广东省共有全国淘宝村百强县16个，从分布区域特征来看，珠三角地区广州、佛山、惠州占9个，粤东地区共有7个。粤西和粤北山区暂未出现在百强县名单，如表4-9所示。

表4-9 广东省淘宝村百强县区域分布

全国排名	区域	市	县（区）
16	珠三角地区	广州市	白云区
19		广州市	番禺区
37		广州市	花都区
74		广州市	增城区
22		佛山市	顺德区
34		佛山市	南海区
79		佛山市	禅城区
62		惠州市	惠城区
75		惠州市	惠阳区
12	粤东地区	揭阳市	普宁市
35		揭阳市	揭东区
80		揭阳市	榕城区
24		汕头市	潮南区
27		汕头市	澄海区
61		汕头市	潮阳区
8		潮州市	潮安区

备注：根据《2020中国淘宝村研究报告数据整理》

新疫情对于互联网时代的影响，使得直播电商成为淘宝村发展的新亮点和新模式，乡村直播时代悄然到来。农村所拥有的自然环境、民风民俗和手工艺品、民族服饰都成了直播的亮点。2020年，阿里巴巴研究院公布了全国淘宝直播20强淘宝村名单，广东省共有9个村上榜，如表4-10所示。

表4-10 广东省全国淘宝直播20强淘宝村名单

市	县（区）	镇	村	主要直播产品
广州市	番禺区	南村镇	江南村民委员会	亲子装、裤子
广州市	白云区	太和镇	大源村委会	大码女装、连衣裙
广州市	番禺区	南村镇	里仁洞村民委员会	国产腕表
广州市	番禺区	大石街道	植村村民委员会	连衣裙、毛衣
佛山市	南海区	大沥镇	黄岐社区委员会	颈饰、首饰
佛山市	南海区	里水镇	河村社区委员会	亲子装、鞋子
佛山市	顺德区	乐从镇	水藤村委员会	布艺沙发
东莞市		厚街镇	寮厦社区居民委员会	连衣裙
韶关市	曲江区	马坝镇	马坝村民委员会	耳钉

（四）广东省农产品淘宝村分布情况

在农产品淘宝村镇产业聚集方面，广东省共有19个淘宝村进入全国农产品淘宝村百强，如表4-11所示。例如广东东莞市4个淘宝村，主要销售果酱沙拉、番茄酱、鸡精、味精等调味品，广东揭阳淘宝村销售凤凰单丛茶叶，潮州饶平县主要销售肉干肉脯等。

表4-11 广东省农产品全国百强淘宝村情况

市	区	镇/街道	村/社区	主要产品
广州市	番禺区	南村镇	里仁洞村民委员会	天然粉粉食品
广州市	白云区	人和镇	东华村委会	滋补品、芒果干
广州市	白云区	太和镇	大源村委会	滋补品、橄榄油
广州市	白云区	钟落潭镇	良田村委会	花生油
广州市	花都区	花东镇	联安村委会	绿植
广州市	花都区	狮岭镇	新扬村委会	绿植
广州市	白云区	太和镇	田心村委会	柿饼
广州市	南沙区	东涌镇	大同村民委员会	奶油

续表

市	区	镇/街道	村/社区	主要产品
佛山市	南海区	大沥镇	黄岐社区居委会	普洱
东莞市	东莞市	寮步镇	向西村村民委员会	果酱沙拉
东莞市	东莞市	大岭山镇	连平村村民委员会	调味品
东莞市	东莞市	长安镇	乌沙社区居民委员会	果酱沙拉、番茄酱
东莞市	东莞市	大岭山镇	梅林村村民委员会	鸡精/味精
东莞市	东莞市	常平镇	土塘村村民委员会	果酱沙拉
潮州市	饶平县	钱东镇	上浮山村委会	肉干肉脯
潮州市	饶平县	黄冈镇	霞西村委会	凤凰单丛
揭阳市	普宁市	洪阳镇	宝镜院村委会	果树、花卉
汕头市	龙湖区	外砂镇	华埠村委会	腌制/榨菜/泡菜
揭阳市	揭东区	云路镇	陇上村委会	凤凰单丛

三、广东省农村电商发展阶段及政策

(一) 广东省农村电商的萌芽出现较早

2013 年左右，广东番禺区里仁洞村和揭阳军埔村村民借助互联网之势在网上销售女装，并一举成功，进入 2013 年度全国淘宝村名单。2014 年，广州、佛山、潮汕市的农村在当地产业带动下，或者淘宝创业领头人的带领下迅速触网。例如广州市增城区新塘镇借助当地牛仔裤产业，在网上卖牛仔裤，当年有 9 个村因为网上销售牛仔裤被认定为淘宝村。广州白云区太和镇则是依据当地箱包、皮具产业带动网销。普宁市的占陇镇 3 个村则是因为潮汕人做生意的头脑和传帮带作用，带动了当地电商的发展，如表 4-12 所示。

表 4-12 2014 年广东省淘宝村名单和主营产品

市	区/县	镇/乡/街道	村	主营产品
潮州市	饶平县	钱东镇	上浮山村	零食、沙发
佛山市	禅城区	南庄镇	吉利村	笔记本电脑、手机
			溶洲村	瓷砖
	南海区	里水镇	洲村	鞋
	顺德区	乐从镇	大闸村	家具

续表

市	区/县	镇/乡/街道	村	主营产品
广州市	白云区	京溪街	犀牛角村	服装
		人和镇	鹤亭村	皮具
		太和镇	大源村	服装
			南村	女装
			南岭村	箱包
			石湖村	箱包
			田心村	隔声材料、女装
			夏良村	女装
			永兴村	数码配件、汽车零配件
	番禺区	南村镇	坑头村	饰品、户外用品
			里仁洞村	女装
			樟边村	游戏机、家电
	花都区	狮岭镇	合成村	箱包
			新扬村	箱包
			益群村	箱包
广州市	增城区	新塘镇	白江村	牛仔裤
			白石村	牛仔裤
			东洲村	牛仔裤
			甘涌村	牛仔裤
			久裕村	牛仔裤
			坔紫村	牛仔裤
			上邵村	牛仔裤
			新何村	牛仔裤
			瑶田村	牛仔裤
河源市	龙川县	老隆镇	水贝村	鞋
惠州市	博罗县	园洲镇	李屋村	汽车配件
			寮仔村	汽车配件
	惠东县	白花镇	太阳村	家电配件
江门市	鹤山市	址山镇	东溪村	家具、摩托车配件

续表

市	区/县	镇/乡/街道	村	主营产品
揭阳市	揭东区	锡场镇	军埔村	服装、不锈钢制品
	普宁市	军埔镇	大长陇村	手机
			石桥头村	手机
		流沙南街道	马栅村	女装
		梅塘镇	溪南村	鞋
		占陇镇	西楼村	手机
			下村	手机
			新寮村	手机
			占陈村	女装
汕头市	潮南区	成田镇	简朴村	数码配件
			西岐村	数码配件
		两英镇	东北村	手机、化妆品
		陇田镇	芝兰村	手机
			珠埕村	香水
汕头市	潮南区	胪岗镇	新庆村	家居服
		司马浦镇	华里西村	化妆品、奶粉
	潮阳区	谷饶镇	大坑村	电脑配件
		贵屿镇	新厝村	手机
		河溪镇	东陇村	手机
汕尾市	陆丰市	碣石镇	桂林村	摩托车

(二)广东农村电商触网初期农产品电商交易相对较少

2014年12月18日,由广东省人民政府、阿里巴巴集团主办的2014广东省县域电子商务峰会在广州举行。会议上广东省政府与阿里巴巴签订了县域电商发展合作协议,协议根据双方协定,阿里巴巴集团将积极参与广东省县域电商和农村信息化建设,推动"特色中国–广东馆"的上线,整合广东省特色农产品、旅游手工艺品以及特色旅游等资源,在有条件的市县建设淘宝"特色馆"。

阿里巴巴根据"千县万村"计划,2015年第一季度前启动第一批阳山、清新、佛冈、连州、兴宁等10个示范县,2015年后三个季度推广第二批20个优质县，2016年开放第三批20个优质县，三年合计50个县，覆盖1万个村点。村民们能够更加方便地在阿里巴巴的购物平台上购买生活用品和农资，同时，农村的优质农产品和特产也将通过阿里巴巴的村淘平台输送出去。

四、广东农村电商发展政策

2015年5月，广东省商务厅印发了《广东省关于加快农村电子商务发展的通知》粤商务电函〔2015〕42号。通知要求各级市要紧扣电商发展方向和趋势，促进农村电商应用，创新流通方式，做好农村电商发展的各项工作。在促进农村电商发展方向方面提出了六个要求：（1）充分认识发展农村电商的重要意义。（2）加强与阿里巴巴、京东、苏宁、一号店等国内大型综合电商平台合作。（3）以返乡大学毕业生、大学生村官、农村青年致富带头人、返乡创业青年和部分个体经营户为重点，积极培育一批农村电商带头人，让其发挥在农村电商发展中的引领示范作用。（4）健全农村电商支撑服务体系。（5）建设农村电商产业发展园区和基地。（6）积极开展农产品电商推广活动。

文件中同时提出各级商务主管部门要对本地区农村电商发展情况进行调研摸查，及时掌握该行业发展情况，善于总结好的做法和经验。将企业发展经验、产业基地运营模式、青年创业致富等进行宣传推广，扩大示范带动效应，引导本地传统媒体和网络媒体对农村电商发展政策、案例、活动、成效进行宣传，引导社会各界关注和支持农村电商的发展。

2016年2月，广东省人民政府办公室印发了《广东省促进农村电子商务发展实施方案》粤府办〔2016〕12号，在文件里提出了指导思想和发展目标，即到2020年，全省农村电商应用水平显著提高，农村电商支撑服务体系基本建立，城乡产品双向流通渠道基本形成，农产品网络销售及农村网络购物规模持续扩大，整体发展水平居全国前列。在全省建成50个县级电子商务产业园和100个乡镇电子商务运营中心，实现了农村电子商务服务站在行政村全覆盖。全省农产品电商年销售额保持30%以上增长。农村电商企业竞争力显著增强，培育5家年销售额10亿元以上、20家年销售额1亿元以上、100家年销售额5 000万元以上的农村电商企业。遴选100家农村电商示范企业，建设3～4个国家级农村电子商务综合示范基地，培育一批聚集效应强的涉农电商平台。培训10万名农村电子商务应用技术人才，从业人员素质显著提升。

文件部署了广东农村电商发展的十项重点工作，且将工作任务进行了各部门分工。(1) 省商务厅、金融办、广东银监局等负责鼓励各类资本参与农村电子商务的发展。(2) 省商务厅、供销社、农业厅等负责支持国家电商进农村综合示范县、全国供销合作社电子商务示范县等建设，培育一批有影响力的农村电商企业，加快推进涉农网商转型。(3) 省商务厅、经济和信息化委等部门负责培育农村电商服务商，引导和规范农村电商中介组织发展。(4) 省商务厅、经济和信息化委、旅游局、工商局等积极促进农产品"上网触电"，引导农村传统生产企业和市场主体开展信息化、电商化改造，实现线上线下融合发展。(5) 省发改委、交通运输厅、供销社等部门负责上行消费品下乡进村渠道。以电商、信息化及物流网络为依托，"万村千乡市场工程"为基础，加快推进农村现代流通网络建设，畅通日用消费品下乡进村渠道。(6) 省农业厅、供销社负责扩大电商在农业生产中的应用，引导企业开展农资产品电商的批发零售交易。(7) 省人力资源保障厅、教育厅、团省委负责电商创业和就业培训，培养一批农村电商专业人才。(8) 发改委、农业厅、科技厅、通信管理局等负责支持农产品交易中心的电商化转型，鼓励农产品批发市场建设B2B和B2C交易平台。(9) 省经济和信息化委、科技厅、农业厅、通信管理局等负责加强农村信息基础建设，缩小城乡信息化发展差距。(10) 省商务厅、交通厅、邮政管理局等负责着力推进省农产品流通骨干网络建设，完善农村公路、货运站等物流基础设施建设。实施"快递下乡工程"，支持邮政、供销社和快递企业、自营物流企业等向农村地区延伸，支持冷链物流企业建立冷链运输系统，解决从田间到商场、超市、电商企业"前段一公里"的物流问题。

2016年8月，广东省商务厅印发了《我省农村电商精准扶贫精准脱贫三年攻坚的实施方案》，文件中要求以全省2 277个省定相对贫困村为对象，通过农村电子商务主推县域经济发展。主要任务就是以发展农村电商为抓手，助力推进全省电商精准扶贫和精准脱贫工作。提出实施电商产业扶贫、完善农村电商服务体系、增强农村电商支撑体系和发挥行业协会以及电商企业的作用,助推精准扶贫工作。

2017年7月,省商务厅、省财政厅、省扶贫办开始开展省级电商进农村综合示范工作,立项的电商进农村综合示范县将获得500元左右的省财政扶持资金。随后,围绕电商扶贫、电商进农村资金使用规范等主题又印发了一系列政策。

2018年7月,广东省扶贫开发领导小组印发了《广东省农村电商精准扶贫工作方案(2018—2020年)》,文件提出三年电商扶贫的具体目标:2018年全省2 277个省定贫困村所在的14个市每个市至少有一个国家级或者省级电商进农村综合示范县。到2020年实现农村电商精准扶贫工作在2 277个省定贫困村的全覆盖,省定贫困村所在的14个市的电商交易额获农产品网络零售额年均增长20%以上,全面助力脱贫增收。

文件提出了电商扶贫工作的主要任务:

(1)建立完善农村电商公共服务体系。通过建设农村电商服务网络,完善快递物流服务体系建设,加强农产品追溯体系建设等推进。

(2)打造区域公用品牌。根据广东省相对贫困地区的资源禀赋、农业产业结构等,打造区域公用品牌,防止重复建设和资源浪费。

(3)激活农村电商扶贫市场主体。因地制宜打通"电商+创业带头人+贫困户""电商+农业龙头企业+贫困户""电商+农民合作社+贫困户"等多种利益联结模式。激发各环节积极性,推动农村电商扶贫由被动输血向主动造血转型。

(4)创新农村电商运营模式。针对相对贫困地区不同农产品特点,采取预售、众筹等多种模式,发展乡村旅游与农特产品销售捆绑经营模式。举办网购网销、年货节等线上线下互动活动。

(5)加强农村电商扶贫人才保障。

(6)拓宽农村电商资金来源渠道。

(7)加强宣传推广,扩大示范带动效应。

2015—2020年广东省促进农村电商发展政策如表4-13所示。

表 4-13 2015—2020 年广东省促进农村电商发展政策

时间	发文机构	文件名称	主要内容
2015 年 5 月	广东省商务厅	关于加快农村电商发展的通知	（1）充分认识发展农村电商的重要意义。（2）加强与国内大型综合电商平台合作。（3）加强农村电商人才培训。（4）健全农村电商支撑服务体系。（5）建设农村电商产业发展园区和基地。（6）积极开展农产品电商推广活动
2016 年 2 月	广东省人民政府	广东省促进农村电商发展实施方案	（1）提出建设目标。（2）提出促进农村电商发展的十项重点工作任务。（3）对农村电商建设工作任务进行分工，联合政府各职能部门力量共同推进。（4）提出四项保障措施
2016 年 8 月	广东省商务厅	省农村电商精准扶贫精准脱贫三年攻坚的实施方案	主要任务就是以发展农村电商为抓手，助力推进全省电商精准扶贫和精准脱贫工作。提出实施电商产业扶贫、完善农村电商服务体系、增强农村电商支撑体系和发挥行业协会、电商企业的作用，助推精准扶贫工作
2018 年 7 月	广东省扶贫开发领导工作小组	广东省农村电商精准扶贫工作方案（2018—2020 年）	提出电商扶贫的主要目标，主要任务是帮助扶贫县域建设农村电商服务网络、打造区域公用品牌、激活农村电商扶贫市场主体、创新农村电商运营模式、加强农村电商扶贫人才保障、拓宽农村电商资金来源渠道、加强宣传推广，扩大示范带动效应等
2018 年 11 月	广东省商务厅	广东省 2018 年国家电商进农村综合示范项目建设和资金使用工作指引	重点建设内容：（1）农产品上行体系，包括物流体系和供应链营销体系。使用比例不得低于 50%。（2）建设农村公共服务体系，包括县级电商公共服务中心、乡村电商服务站。（3）农村电子商务培训体系
2019 年 12 月	广东省商务厅 广东省财政厅	广东省 2019 年国家电商进农村综合示范项目建设和资金使用工作指引	重点建设方向：（1）农村流通基础设施，资金使用不得低于 50%。（2）农村电商公共服务体系，要求村级服务站点覆盖 50% 以上。（3）各类电商人才培训达到 3 000 人次以上
2020 年 9 月	广东省商务厅 广东省财政厅	广东省 2020 年国家电商进农村综合示范项目建设和资金使用工作指引	重点建设方向：（1）县、乡、村三级物流共同配送体系。（2）农产品进城公共服务体系。（3）工业品下乡流通服务体系。（4）农村电商培训体系，培训 3 000 人次以上，实现培训转化率不低于 1%。（5）切实完成电商扶贫任务

续表

时间	发文机构	文件名称	主要内容
2020年3月	广东省商务厅	中央财政2020年服务业发展专项资金推动农商互联完善农产品供应链项目申报指南的通知	对现有的订单农业主体、产销一体主体和股权投资合作主体企业进行奖补支持，主要支持方向包括：(1) 产后商品化处理设施建设。(2) 发展农产品冷链物流。(3) 提升供应链末端惠民能力。(4) 提升标准化和品牌水平。(5) 优化重点步行街的农产品供应链产销对接功能

从 2015—2020 年广东省出台发展农村电商的政策中我们可以看出，政策注重：

（1）统一认识。鉴于广东省电商发展迅猛，农村淘宝等网销在促进农民增收、提高农村竞争力、实现城乡经济平衡发展中的重要作用和现实，广东省政府主管部门希望通过以农村电商为抓手，促进粤东西北农村经济的发展以及农村地区的扶贫减贫，破解省城乡经济发展不平衡的二元化结构问题。

（2）形成合力。从政策、资金、制度、工作任务安排、工作监督等各方面合力，全力促进农村电商的发展。从政策中可以看出，有目标，有各个职能部门的任务分工、资金支持，进度安排和严格的资金使用管理制度，目的是想把农村电商发展做到实处。

（3）以精准脱贫为抓手。2016 年和 2018 年分别出台专门电商扶贫文件，之后出台的每一份文件，都有电商精准扶贫减贫的任务和考核方式。2017—2020 年的国家级/省级电商进农村综合示范县的立项名单也说明政府支持农村电商的发展主要向粤东西北贫困地区倾斜，旨在通过农村电商助力贫困地区减贫脱贫。

（4）夯实农村电商基础设施建设。政府资助的电商进农村项目，围绕方向主要是农村流通基础设施建设、公共服务体系和人才培训等基础环境层面的建设，是打通农产品电商的硬痛点。

（5）注重政府主导，市场主体。对大型订单农业主体、产销一体主体和股权投资合作主体等在农村电商建设方面的贡献进行奖补，鼓励其纵深化发展。

五、广东省国家级/省级电商进农村示范县项目

党的十九大报告指出，农业、农村、农民问题是关系国计民生的根本性问题，

必须把解决好"三农"问题作为全党工作重中之重。实施乡村振兴战略是解决人民日益增长的美好生活需要和不平衡不充分的发展之间矛盾的必然要求,是"两个一百年"奋斗目标的必然要求,是实现全体人民富裕的必然要求。

以往扶贫中,多数采取的是产业帮扶,但是发展产业多数考虑生产,市场端不稳定。自2014年电商在促进农村经济和社会发展中重要作用凸显后,国家提出,农村电商成为国家扶贫减贫的重要手段。电商扶贫可以突破时空限制、信息限制、市场限制,让产业直接面对全市、全省、全国乃至全球的市场,为摆脱贫困找到了一条可持续的市场化道路。

广东省虽然地处沿海地带,综合经济连续31年蝉联全国第一,但是经济发展不均衡问题、城乡二元化问题特别突出。实施乡村振兴战略,扶持粤东西北农村经济的发展成为广东工作中的重中之重。

(一)广东省国家级和省级电商进农村综合示范县工程

2015年,龙川县(河源)、饶平县(潮州)、平远县(梅州)、南雄市(韶关)四个县域被列为国家级电商进农村综合示范县。2016年和2017年国家评选了500个国家级电商进农村综合示范县,广东暂无。2017年开始,广东省开始评选扶持省级电商进农村综合示范县项目,目前无论是国家级还是省级的电商进农村综合示范县项目都是主要向粤东西北偏远贫困地区倾斜,帮助其加强农村电商基础建设。

从表4-14的2015年,2018—2020年广东省国家级电商进农村综合示范县立项名单中可以看出:

表4-14 2015年,2018—2020年广东省国家级电商进农村综合示范县立项名单

地区	2015	2018	2019	2020	合计/个
珠三角地区			惠东县(惠州)	广宁县(肇庆)、龙门县(惠州)	3
粤西地区			高州市(茂名)	化州市(茂名)、遂溪县(湛江)、廉江市(湛江)	4

续表

地区	2015	2018	2019	2020	合计/个
粤东地区	饶平县（潮州）		普宁市（揭阳）、海丰县（汕尾）	陆河县（汕尾）、南澳县（汕头）	5
粤北山区	龙川县（河源）、平远县（梅州）、南雄市（韶关）	大埔县（梅州）、紫金县（梅州）、五华县（河源）和平县（河源）	兴宁市（梅州）、丰顺县（梅州）、始兴县（韶关）、英德市（清远）、罗定市（云浮）	南雄市（韶关）、翁源县（韶关）、佛冈县（清远）	15
合计/个	4	4	9	10	27

（1）国家级电商进农村工程的扶持以粤北山区县域较多。27个国际级电商进农村示范县中，粤北山区有15个县域，占55.5%。粤西和粤东9个，占33.3%。珠三角地区仅有3个。

（2）项目以扶持贫困地区发展经济为主。综合广东省县域GDP以及人均GDP来看，27个县域中，有15个县域的2020年的生产总值在200亿元以下，17个县域的人均GDP在35 000元以下，电商进农村有扶贫的宗旨。

从表4-15的2017—2020年广东省级电商进农村综合示范县立项名单中可以看出：

（1）省级电商进农村工程的扶持仍以粤北山区县域较多。42个国际级电商进农村示范县中，粤北山区有24个县域，占57%。粤西和粤东13个，占31%。珠三角地区仅有5个，属于珠三角地区的贫困县域。

（2）项目以扶持贫困地区发展经济为主。综合广东省县域GDP以及人均GDP来看，42个省级示范县域中，2020年的生产总值在250亿元以下的有31个，占74%，其中生产总值在100亿元以下的县域有12个，占29%。按照人均收入来分，人均GDP在35 000元以下的有25个，占60%，这就凸显了省级电商进农村扶贫的目的。

（3）省级示范县项目是国家级示范县项目的前期培育。为了争取到国家级电商进农村示范县项目的支持，省级农村电商项目择优立项培育项目，然后送审国家级评审。例如2017—2018年的罗定市、普宁市、海丰县、英德市、高州市等经过省级电商进农村示范项目的培育后，获得了2019年国家级电商进农村立项项目，继续获得了1 500万~2 000万元的国家电商进农村资金扶持。2018—2019年立项的省级示范县广宁县、龙门县、廉江市、陆河县、遂溪县、翁源县和化州市等也获得了2020年国家级电商进农村政策支持。

表4-15 2017—2020年广东省级电商进农村综合示范县立项名单

地区	2017	2018	2019	2020	合计/个
珠三角地区		广宁县（肇庆）、龙门县（惠州）	博罗县（惠州）、德庆县（肇庆）	怀集县（肇庆）	5
粤西地区		高州市（茂名）、江城区（阳江）	信宜市（茂名）、廉江市（湛江）、化州（茂名）	吴川市（湛江）、徐闻县（湛江）	7
粤东地区	普宁市（揭阳）	海丰县（汕尾）、潮阳区（汕头）	澄海区（汕头）、陆河县（汕尾）	陆丰市（汕尾）	6
粤北山区	五华县（河源）、和平县（河源）、罗定市（云浮）	英德市（清远）、梅州区（梅州）、遂溪县（湛江）	清新区（清远市）、云安区（云浮）、郁南县（云浮）、乐昌市（韶关）、翁源县（韶关）	乳源瑶族自治县（韶关）、连南瑶族自治县（清远）、连山壮族瑶族自治县（清远）、佛冈县（清远）、新兴县（云浮）、南澳县（汕头）、新丰县（韶关）、连州市（清远）、蕉岭县（梅州）、东源县（河源）、阳山县（清远）、连平县（河源）、仁化县（韶关）	24
合计/个	4	9	12	17	42

（二）国家级和省级电商进农村资金使用范围

国家级电商进农村示范县支持项目一般为2 000万元，省级电商进农村示范县支持项目一般为500万元。某些地级市给予配套经费支持，例如五华县县级配套资金达2 300万元，英德市财政每年给予100万元配套激励经费。在国家级电商进农村示范县项目层面，为了保证专款专用，项目实施到位，省商务厅每一年印发关于国家电商进农村综合示范项目的建设和资金使用工作指引。

2018年国家级电商进农村资金中央财政支持范围及额度为：

（1）促进农产品上行比例不得低于50%；（2）县级公共中心建设资金费用不得高于15%，运营维护费用不得高于5%。

2019年国家级电商进农村资金中央财政支持范围及额度为：

（1）用于农村流通基础设施建设不得低于50%；（2）县级公共中心建设资金费用不得高于15%，运营维护费用不得高于5%。

2020年国家级电商进农村资金中央财政支持范围及额度为：

（1）县级公共中心、镇级服务建设资金费用不得高于10%；（2）农村电商培训体系不得高于15%；（3）不得用于网络交易、征地拆迁和人员费等经常性开支；（4）不得在国家级和省级示范县建设项目中重复投资建设。

国家级电商进农村综合示范县项目要求严格按照有关规定进行专账管理，建立项目台账制度，明确责任人。要求每个示范县都在县政府网站上建立电商进农村专栏，制定各县工作细则，汇报工作进度，公示招标项目，设立项目和资金监督电话（见图4-6）。

图4-6 五华县电商进农村工作专栏

第五章

农村电商发展绩效评价指标构建及评价方法

一、农村电商发展绩效评价文献综述

(一) 农村电商评价指标构建综述

何晓朦、魏来（2016）运用集对分析法（SPA）对全国31个省市（自治区）的农村电商发展环境进行评价，将我国地区农村电商发展环境划分为5个梯队，其中浙江、江苏、上海、北京、广东五个省市为第一梯队。

艾春梅（2017）从农村电商发展的准备度、应用度和影响度三方面建立了9个二级指标、26个三级指标，选择14个省市（自治区）作为样本进行发展水平测评，如表5－1所示。

表5－1 农村电商发展评价指标体系[1]

一级指标	二级指标	三级指标
准备度	互联网基础情况	农村互联网普及率/%
		农村互联网宽带接入用户占全部接入用户比例/%
		开通互联网宽带业务的行政村比重/%
		互联网安全程度/%
	物流基础情况	村级电商服务点（包括快递网点数量）/个
		已通邮的行政村比例/%
		农村投递线路占全部投递线路的比例/%
		农村公路长度占全部公路长度的比例/%
	农村居民基础情况	农村居民电商培训水平/人次
		农村劳动力文化程度初中及以上水平的数量/（人·百人$^{-1}$）
		农村居民拥有农村接入网络设备数量/（台·百户$^{-1}$）
	农村电商政策环境	政府财政支持/亿元
		政策环境/个
应用度	农村电商销售规模	农村B2B电商销售规模/亿元
		农村网络零售电商销售规模/亿元
		网上店铺数量/个
	农村电商购买规模	农村居民网购消费支出/元
		农村居民网购用户数量/人
		农村居民网购消费频率

续表

一级指标	二级指标	三级指标
应用度	产业聚集	淘宝村数量/个
		淘宝镇数量/个
影响度	经济效果	农村电商交易额占电商交易额比例/%
		网商家庭收入提高/元
	社会效果	带动就业数量/人
		网店增加数量/个
		淘宝村增加数量/个

阿里巴巴研究院（2018）根据电商创业指数、网购消费指数、电商服务指数等指标对全国756个电商进农村综合示范县进行了评价。计算方法：阿里巴巴电商发展指数 = 网商指数×0.5 + 网购指数×0.5 = （网商密度指数×0.5 + 网商交易水平指数×0.5）×0.5 + （网购密度指数×0.5 + 网购消费水平指数×0.5）×0.5，如表5-2所示。

表5-2　阿里巴巴研究院中国县域电商发展指标体系

一级指标（权重）	二级指标（权重）	计算方法	数据来源
网商指数（0.5）	网商密度指数（0.5）	B2B网商密度 = B2B网商数量/人口数量 零售网商密度 = 零售网商数量/人口数量	B2B网商数量取截至2015年11月底诚信通会员数；零售网商数量取截至2015年11月底淘宝和天猫网店数
	店均网络交易指数（0.5）	店均交易额 = 零售网商交易额/零售网商数量	零售网商交易额取截至2015年11月底淘宝和天猫网店交易额之和
网购指数（0.5）	网购消费者密度指数（0.5）	网购消费者密度 = 网购消费者数量/人口数量	网购消费者数量取2015年1—11月在淘宝和天猫至少有1笔消费的买家数
	人均网络消费指数（0.5）	人均消费额 = 网购消费额/网购消费者数量	网购消费者数量取2015年1—11月在淘宝和天猫卖家消费额之和

张鸿（2019）从农村信息应用宏观保障水平、政府支持水平、农村信息基础

设施水平、农村信息主体及信息消费水平和农村电商应用水平等五个维度,用2013—2015年的数据对全国各省的电商水平做了评价,如表5-3所示。

表5-3 农村电商发展评价指标体系

一级指标层	二级指标层
农村信息应用宏观保障水平(B1)	人均GDP/亿元
	农村居民人均可支配收入/(元·人$^{-1}$)
	信息产业投资占总固定资产投资比重/%
	农村用电量/(亿kW·h)
	农村投递路线/km
	平均每一营业网点服务人口/万人
	一、二、三产业融合度
政府支持水平(B2)	地方财政教育支出/亿元
	地方财政农林水事务支出/亿元
	地方财政交通运输支出/亿元
	地方财政商业服务业等事务支出/亿元
	地方财政资源申报电力信息等事务支出/亿元
	第三产业投资总额/亿元
农村信息基础设施水平(B3)	已通邮的行政村比重/%
	开通互联网宽带业务员的行政村比重/%
	互联网普及率/%
	互联网宽带接入端口/万个
	域名数/万个
	网站数/万刊
	光缆线路长度/km
农村信息主体及信息消费水平(B4)	农村互联网接入用户占互联网接入用户比重/%
	互联网网民占人口比例/%
	农村人均交通通信消费占总消费比重/%
	邮电业务量/亿元
	电话普及量/(部·百人$^{-1}$)
	初中以上文化水平人口占人口比重/%
	每百人使用计算机数/台

续表

一级指标层	二级指标层
农村电商应用水平（B5）	每百家企业拥有网站数/个
	有电商交易活动企业数/个
	有电商交易活动企业数比重/%
	电商销售额/亿元
	电商采购额/亿元
	快递件数/万件

罗红恩等（2019）以安徽省为例，选取产业经济、区域电商基础、农村电商基础和农村经济等指标对安徽省的16个城市的农村电商竞争力进行测评，并运用聚类分析法对各个指标的综合竞争力进行了排名，如表5-4所示。

表5-4 安徽省农村电商竞争力评价

一级指标	二级指标	符号
地区经济	人均GDP总值/元	x_1
	GDP增长率/%	x_2
	第一产业生产总值	x_3
城乡统筹	第一产业贡献率/%	x_4
	人口城镇化率/%	x_5
地区电商基础	固定资产投资中交通运输、仓储和邮电所占比重	x_6
	互联网普及率/%	x_7
	交通通信支出/亿元	x_8
农村电商基础	农村投递线路总长度	x_9
	每十万人初中以上学历人口数	x_{10}
	每百户拥有移动电话总数	x_{11}
农村经济	农村人口可支配收入	x_{12}
	固定投资中第一产业所占比重	x_{13}
	第一产业从业人员比例	x_{14}

苗书迪（2020）选取生产要素、需求条件、相关和支持产业、企业战略与结构等四个一级指标及11个二级指标对江苏省农村电商的综合竞争力进行了评价（见表5-5），并提出了相关的建议。

表 5-5 农村电商竞争力评价指标体系

一级指标	二级指标	符号	指标说明
生产要素	乡村就业人数 农业技术人员人数 一般公共预算支出中农林水事务支出总额	x_1 x_2 x_3	反映农村可利用的劳动力人数 反映知识资源的支撑 反映涉农财政资金的支持力度
需求条件	居民人均可支配收入 农村常住居民人均生活消费支出 人均 GDP	x_4 x_5 x_6	反映居民消费的经济基础 反映农村日常消费情况 反映区域经济发展水平
相关和支持产业	互联网宽带接入用户 邮路及农村投递路线总长度 快递件数	x_7 x_8 x_9	反映信息化程度 反映农村物流基础设施情况 反映电商活跃性
企业战略与结构	淘宝村数量 淘宝镇数量	x_{10} x_{11}	反映农村网商的数量 反映农村网商的集中度

学者们从各个角度对农村电商评价指标体系进行了探索，为后续研究提供了示范。但是前学者构建的指标体系也有不足之处：（1）指标体系差异比较大。有的学者从电商基础构建指标，有的从网络销售端构建指标，有的指标从电商创新视角构建，总体来讲指标不完善。诸如产业规模化水平、政策支持的数量、资金支持力度、龙头企业的电商化水平、涉农电商平台建设状况、电商人才培育状况等需要考虑纳入评价体系。（2）大多数学者所做的研究主要是针对省域发展成效的测量评价，针对省域、县域差异的研究较少，所以在评价完成以后，真正在对策方面有实用性的比较少。（3）由于指标数据搜集起来比较困难，故学者们用了较多的替代指标，但是替代的准确性还模棱两可。

（二）农村电商发展评价方法综述

开展农村电商测量评价是进行相关对策研究的基础。以往学者们主要运用的方法如表 5-6 所示。

表 5-6 农村电商测评方法整理

序号	评价方法	作者
1	熵值法、AHP 层次分析法	陈东岳（2020）、张鸿（2019）

续表

序号	评价方法	作者
2	模糊综合评价法、模糊 Borda 法	胡小玲（2019）、李楚英
3	因子分析、聚类分析	罗红恩（2019）、苗书迪（2020）、关文晋（2020）
4	PCA-HCA 模型	何晓朦（2017）、吴莉（2014）
5	突变基数法	艾春梅（2016）
6	DEMATEL	汪琦（2016）
7	结构方程模型	穆燕鸿（2016）

以上学者们使用的评价方法各有优劣势。AHP层次分析法和模糊综合评价法比较简单，但是定性成分多。熵值法只能在确定权重的时候使用，不能再做进一步分析，适用范围比较有限。突变基数法需将指标数值进行无纲量化处理，如果指标多或者数据多计算起来就复杂。穆燕鸿（2016）使用的结构方程模型是基于对401份问卷进行1~10的打分方法，包含定性成分较多。因子分析法和聚类分析法是目前为止用于农村电商评价最多的方式。因子分析法是尽量减少原始变量信息缺失的情况下，将多个原始变量缩减成几个具有清晰代表性的解释变量，能客观地确定农村电商评价各指标的权重，并且进行等级排序。因子分析法和聚类分析法结合起来，不仅能够确定指标权重，进行竞争力评价，而且能对促进农村电商发展的要素进行分类测评。例如可以看出哪些县域的电商基础设施比较好，哪些县域的人才培训或者政策到位，哪些县域的地标公用农产品品牌建设比较好等。故作者选用因子分析法+聚类分析法来测量评价广东农村电商发展情况。

（三）广东农村电商发展研究综述

农村电商方面，广东目前有225个淘宝镇，1 025个淘宝村，全国排名第二。销售规模过亿的淘宝村广东有234个，3亿元以上的淘宝镇广东有119个。广东在电商进农村示范县方面，近几年也加大建设，共有立项27个国家级电商进农村综合示范县，42个省级电商进农村综合示范县。在农村电商方面做了实践性探索。

然而在学术和理论方面，有关广东农村电商方面的研究就差强人意。从CNKI中国知网搜索的文献量来看，有关广东农村电商的学术研究不到30篇，且全部是定性研究，例如从个人研究角度提出广东农村电商方面的发展研究，或者以徐闻县、揭阳军埔村、普宁、清远为例谈当地农村电商实践，或者是针对校企合作的实践研究，无一针对全省域的定量研究。广东省在印发省级层面和各县域国家级电商进农村综合示范县项目实施方案里面多次提及，要利用各种媒体，加大广东电商相关政策、经验、成效及典型案例的宣传。广东农村电商总体统计、评价、经验宣传等总结宣传需要加强。

二、评价指标体系构建

影响农村电商发展的因素复杂，有产业基础因素、区位物流因素、人才因素、政府的支持因素和当地地理性标志产品等。正如本书第四章节所述，广东农村电商起源早，且大部分分布在广东省珠三角地区广州、佛山和东莞周边区村镇，有当地线下产业基础支撑，物流基础完善，商业氛围浓厚。揭东地区的自发式农村淘宝电商也依赖当地的服装、内衣等基础，加上潮汕地区聪明敢干的创业精神，已经形成规模。

中国大多数学者在研究农村电商时偏好于挖掘淘宝村形成的机理、要素和可复制性。自发性的农村电商，特别是围绕在大城市周围的乡镇电商，以市场为根，生命力旺盛，的确在推动农村经济和社会发展方面起到了很大的积极作用。但是能在一二线城市周围是先天条件，有线下产业支撑也只能追溯历史渊源。广大的贫困县域，特别是偏远农村，没有规模化的轻工业产业，物流网络极为简陋，有的只是青山绿水和种植养殖的农业。既然国家层面和省级层面都意欲通过发展农村电商来带动当地经济的发展。那么如何推进贫困地区的农村电商就值得深入研究。所以本书的研究对象舍弃珠三角地区农村电商淘宝式产业聚集，更多偏向于粤东西北的农村电商进展研究。

（一）评价指标选取

本书以粤东西北地区农村电商发展为研究点，构建后发地区农村电商发展绩效评价指标体系，以广东省2017—2020年23个国家级电商进农村综合示范县电商发展情况为样本，对其农村电商的发展情况做评价，并进行分类分析。

在参考前学者的指标体系基础上，拟选取如表5－7所示的评价指标。

表5－7 农村电商发展绩效评价指标体系

一级指标	二级指标	指标解释
产业经济基础	年度GDP/亿元	2019年度各县域的区域生产总值，反映县域整体经济状况
	社会零售总额/元	2019年度各县域的轻工业零售额，基本反映当地的消费状况和轻工业发展情况
	农业产值/亿元	2019年度各县域的第一产业产值，反映当地的农业产量情况，是农产品电商的基础
物流建设	公路密度 [km·(100 km)$^{-1}$]	2019年度各县域每百平方公里或每万人所拥有的公路总里程数，是衡量区域公路发展水平和物流水平的指标
	村级电商服务站个数/个	2019年度村级电商服务站点占全部行政村的比例，反映电商"最后一公里"情况
人才培养	年末户籍人口/人	2019年年末各示范县域的户籍人口，反映各地人才储备总量情况
	中职以上学校在校生人数/人	2019年度全县中职以上学生的在校人数，反映该县域可留用的电商人才基础
	农村电商年度培训人次/人次	2019年度各县域农村电商人才培育情况
政策支持	政府政策支持个数/个	近几年各县域在发展农村电商方面所制定的政策、制度等，反映当地政府对于农村电商发展的重视程度，或者治理水平
	政府财政支持金额/万元	近几年国家、广东省和各市（县）给予的农村电商发展扶持资金
产业集聚	省级及以上农业龙头企业数量/个	2019年度各县域被评为广东省重点农业龙头企业的个数
	电商物流产业园数量/个	2019年度各县域已经建成和在建的县域电商服务中心或者物流配送中心
	淘宝镇数量/个	2020年度各县的淘宝镇数量
品牌效应	广东省农产品区域公用品牌个数/个	2019年度县域名特优新农产品区域公用品牌百强进入个数
	省级名牌农产品个数/个	2019年度各县域的"粤字号"农业品牌目录录入产品个数

续表

一级指标	二级指标	指标解释
网络购销规模	人均 GDP/元	2019 年度各县域人均生产总值情况，反映当地人民的收入水平和消费水平
	农产品网络零售额/亿元	2019 年度各县域农产品的网络交易额
	县域电商交易额/亿元	2019 年度各县域电商交易额

（二）各指标含义和数据萃取

（1）各县域年度生产总值（GDP，亿元）。指标选取 2019 年度广东省国家级电商进农村示范县（简称示范县，下同）县域的区域生产总值，反映了县域整体经济状况。数据来源为《广东省统计年鉴 2020》。

（2）社会零售总额（元）。指标统计 2019 年度各示范县域的轻工业零售额，基本反映了当地的消费状况和轻工商业发展情况。数据来源为《广东省统计年鉴 2020》。

（3）农业产值（亿元）。指标选取 2019 年度各示范县域的农业生产总值，可以反映农产品电商发展的产业基础情况。数据来源为《广东省农业统计年鉴 2020》。

（4）公路密度。2019 年度各示范县域每万人所拥有的公路总里程数，是衡量区域公路发展水平和物流水平的指标。因各县域高速公路和等级公路的数据不全，故选择此指标代替。数据来源为各县域政府网站或者百度百科公布数据。

（5）村级电商服务站个数。2019 年度村级电商服务站点占全部行政村的比例，反映了电商"最后一公里"情况。此指标是国家级电商进农村综合示范县实施方案里面要考核的指标，要求示范县的村级电商服务站比例不低于 50%。数据来源为各县域政府的电商进农村专栏搜集数据。

（6）年末户籍人口。2019 年年末各示范县域的户籍人口，反映了各地农村电商发展可用人才储备总量情况。此指标数据来源为各县域政府的 2019 年国民经济发展公报。

（7）中职以上学校在校生人数。2019 年度示范县中职以上学生在校生人数，反映了该县域可留用的电商人才基础。此指标应以地区 20~45 岁青年人才数量为基础，但数据难以获取，故用此指标。数据来源为各县域政府2019年国民经济发展公报的社会文化教育部分。

（8）农村电商年度培训人次。2019年度各示范县的农村电商培训人次，反映了农村电商专门人才培养的程度。该指标数据来源为各县域电商进农村专栏的工作动态报告，或者工作绩效报告。

（9）政府政策支持个数。指标统计近几年政府在发展农村电子商务方面的发文的制度和措施。其中包含省级和国家级电商进农村实施方案、电商物流建设方案、人才培育方案、资金使用和监督管理条例、电商精准扶贫方案等。此指标反映了政府对于发展农村电商的重视程度。数据由各示范县政府的电商进农村专栏政策统计而得。

（10）政府财政支持金额。国家级电商进农村综合示范县工程，最大的资金支持是国家建设资金，每个县域约2 000万元，接着是大部分省的省级资金支持，大约500万元，最后是地级市或者县域的配套资金，每个示范县的情况不一。有的县域双倍配套，有的县域没有投入。这直接对农村电商建设项目的效果产生影响。需要注意的是，国家建设资金是分批拨付，2020年立项的示范县资金拨付了1 000万元，2019年立项的示范县项目拨付了1 500万元。此数据由广东省商务厅网站和各示范县政府的电商进农村专栏统计而得。

（11）省级及以上农业龙头企业数量。农业龙头企业不仅在当地农产品产销中做出重要贡献，也是农产品转线上销售的主要主体。例如陕西武功县陕西美农科技龙头企业，2020年度电商销售额达10亿元，有力地促进了当地电商经济的发展。该指标数据由广东省商务厅2019年度农业龙头企业名单整理而来。

（12）电商物流产业园数量。产业聚集是衡量电商发展水平的一部分，电商产业园是服务体系聚集实施的一部分。目前示范县的每个县域都建设有县域电子商务服务中心，有条件的县域还建设了专门的物流仓储中心、电商创业孵化中心等。此指标数据由各示范县政府的电商进农村专栏建设方案统计而得。

（13）淘宝镇数量。粤东西北地区淘宝镇比较少，特别是国家电商级农村示范县，除了普宁有18个淘宝镇外，其他只有1~2个，或者没有。虽然偏远没有产业的县域发展淘宝比较困难，但是国内曹县、睢宁、龙县等在物流基础和产业基础都不具备的情况下，靠村民自发售卖淘宝产品而自然形成产业的案例也不在少数。广东省的落后县域在政府支持下，这种发展模式也值得探索。此指标数据来源为阿里巴巴研究院发布的《2020中国淘宝村研究报告》。

（14）广东省农产品区域公用品牌个数。品牌代表产品的特定品质和价值，影响消费者的购买决定。区域公用品牌是特定区域内生产者们所共享的品牌，从整个农业产业和农村电商发展的角度看，农产品区域公用品牌非常重要，超越了单个的企业品牌。农产品区域公用品牌可以传递出这样的信息：在某个特定的区域内生产出的某种产品，具有特别的优良品质和食用价值。广东省著名的区域公用品牌有英德红茶、连州菜心、水东芥菜、梅县金柚、徐闻菠萝、廉江红橙等。县域公用农产品品牌打造也是国家级电商进农村综合示范县工程的考核指标之一。此指标数据来源为《2019年广东县域名特优新农产品区域公用品牌百强名单》。

（15）省级名牌农产品个数。2021年1月，广东省农业农村厅公布了2 117个"粤字号"农产品品牌，目的是让"粤字号"农业品牌目录的生产企业树立良好品牌形象、加强企业管理、提升产品质量、发挥带动效应，着力打造广东农业品牌标杆。品牌代表着优良品质和食用价值，对农产品电商销售的重要意义不言而喻。此指标的数据来源为《2020年"粤字号"农业品牌目录》。

（16）人均生产总值（人均GDP）。此指标综合城镇居民和农村居民的综合收入均值，可以反映示范县的居民收入情况。农村电商不仅是上行，还有日用品和工业品下乡的下行，可以在一定程度上反映县域居民的网购规模情况。

（17）农产品网络零售额。其可以反映示范县在农产品网络零售方面的情况。此指标的主要来源为各示范县政府的电商进农村专栏的报告，或者各县域的网站新闻报道。但此指标搜集起来极为不容易，作者曾打电话或者实地到各县工信局或者商务局调研数据，但是有些县域因为没有委托第三方抓取数据，所以某些县域数据空缺。但在做因子分析的时候要求完整值，故对GDP、社会零售总额和网上搜集到的数据进行了估算。

（18）县域电商交易额。其可以反映示范县的整体电商交易情况，此指标的主要来源为各示范县政府的电商进农村专栏的报告，或者各县域的网站新闻报道。数据搜集方法同指标（17）。

三、评价方法及步骤

(一) 因子分析方法基本原理

因子分析法把初始变量中相关性强的变量划分为一类,每一类变量代表一个"主因子",即一个维度,代表研究对象在某一方面的特点,不同"主因子"包含的信息不具有重复性,以"主因子"来解释原始变量的相关性,同时达到降维目的。随着信息技术的发展,因子分析法的理论逐步完善。因子分析简化了数据的基本结构,避免了定性分析法的随意性,常用于城市竞争力、企业竞争力和物流旅游竞争力的评价中,并常与主成分分析、聚类分析结合在一起使用,起到综合评价和分析的作用。

(二) 因子分析法赋权优势

在农村电商发展评价方面,关键的一点是每个指标权重计算。根据赋权方式的差异,可分主观赋权与客观赋权两种类别。主观赋权多采用问卷调查或开座谈会的方式,通过邀请专家、学者等业内人士对需要定权的各评价指标打分,以打分结果作为计算权重的依据。但是评价者认知水平、思维方式不同,对复杂决策问题的判断过程不同,对指标赋权的侧重点各异,使结果带有较强主观倾向,所以主观赋权法一般应用于指标不方便量化的评价体系当中。在本研究构建的指标体系中数据主要来自广东省统计年鉴、各地市统计年鉴、农业统计年鉴和政府公开发表的统计公报,数据均可量化,因此采用客观赋权。构建的指标体系分成2层,最终包含了18个具体评价指标,整个体系层次性强,评价方法适宜采用因子分析法。因子分析法以客观数据确定权重,科学、合理,避免了主观定权易造成较大误差的问题。

(三) 评价的基本步骤

1. 数据的标准化处理

对农村电商的发展绩效进行评价时,涉及农村电商的产业基础、物流基础、人才基础、产业聚集水平、品牌数量等指标,是一个综合指标体系。这些评价指标的性质和计量单位存在着很大的差异,缺乏统一性和综合性,如果直接使用这些指标进行因子分析和聚类分析,就可能导致最终的分析结果在很大程度上受到各评价指标的计量单位的影响,数值较大的评级指标会显示出超过本身实际情况的影响力,数值较小的评级指标也会相应地发挥出低于其本身实际情况的影响作用。因此,为了防止该问题,需在分析前先对原始数值进行标准化处理。极差标准化法作为一个能反映评价对象基本属性的数据标准化处理方法,在对多个指标变量进行分析时,能更客观公正地对评价对象的状况进行判断,因此研究采用极差标准化法对原始数据进行标准化处理,可以用公式表示为:

$$z_{ij}^* = \frac{z_{ij} - z_{j\min}}{z_{j\max} - z_{j\min}} \ (i = 1, 2, 3, \cdots, 23)$$

其中,i 表示 23 个待评价地区;j 表示 18 个评价指标;z_{ij} 表示地区 Di 在指标 z_j 下的实值数据;z_{ij}^* 表示地区 Di 在指标 z_j 下的无量纲数据;$z_{j\min}$ 表示第 j 个评价指标中最小的实值数据;$z_{j\max}$ 表示第 j 评价指标中最大的实值数据。

2. KMO 和 Bartlett 球形检验

进行因子分析前通常需要对评价指标数据的方法适用性进行检验,因子分析法使用的前提是评价指标变量的数量较多,且相互之间存在着较强的相关性。如果评价指标变量之间的相关性较小,不存在大量的重复信息,那么就意味着这些评价指标数据不适用于因子分析法。在进行因子分析方法适用性判断时,通常采用 KMO 和 Bartlett 球形检验。

KMO 是用于检验各评价指标 p 变量间的偏相关系数是否较大的一种检验方法,当各评价指标变量间的偏相关系数平方和远远小于其简单相关系数平方和时,KMO 值越接近于 1,就意味着各评价指标变量越适用于因子分析法。一般来讲,如果 KMO < 0.5,说明不适合因子分析;如果 KMO > 0.5,说明选取指标合力可以做因子分析。如果 KMO > 0.8,说明指标适合度较高。

Bartlett 球形检验主要是用来判断相关矩阵是否是单位矩阵(各评价指标变量之间完全不相关,不适用于因子分析)的一种检验方法,当各评价指标变量的概率(Sig)低于 p 值显著性水平(0.05)时,表明相关矩阵不是单位矩阵,可以使用因子分析法。

3. 主成分因子分析

本研究使用 SPSS26.0 统计软件对相关指标进行因子分析。具体步骤如下：

①将经过标准化处理后的 23 个示范县域 18 个评价指标数据导入到 SPSS26.0 统计软件中。

②对指标进行 KMO 和 Bartlett 球形检验，看指标是否通过检验。

③计算相关系数矩阵 R。这一步为预测提出的主因子结构打下基础。令特征方程 $|R-\lambda|=0$，计算特征值 λ 与特征向量 X_i（$i=1,2,\cdots,n$）。

④观测累计方差贡献率数值，建立初始因子载荷矩阵。累计方差贡献率表示提取的主因子在多大程度上反映了农村电商发展绩效，以累计方差贡献率值是否大于 85% 作为检验的判定标准。

⑤根据上一步计算的特征值、特征向量确立初始因子载荷矩阵、旋转因子载荷矩阵，在前几步提取的特征向量往往在多个变量上都有较高的权重值，不能作为变量的典型代表因子，使初始载荷矩阵的主因子与变量之间关系较为模糊。旋转变换将初始载荷矩阵的结构简化，消除个别因子载荷值过大或过小的情况，使旋转后的主因子与变量之间关系更加明确。

⑥计算各因子得分系数矩阵。因子变量确定以后，对每一样本数据，可以得到它们在不同因子上的具体数据值，和原变量的得分相对应。

4. 综合评价

有了因子得分，就可以结合各主因子贡献率在累计方差贡献率中占的比重作为权重，结合如下公式，计算得分，进行评价绩效排序。

$$F_j = \beta_{j1}x_1 + \beta_{j2}x_2 + \cdots + \beta_{jp}x_p \quad (j=1,2,\cdots,m)$$

第六章

广东农村电商发展绩效评价实证分析

研究根据拟定的指标体系，选取 23 个广东省电商进农村综合示范县进行实证分析。

一、描述性统计分析（见表 6-1）

表 6-1 描述性统计分析

项目	N	最小值	最大值	均 值	标准偏差
年度 GDP/亿元	23	29.32	631.00	255.813 9	199.506 81
社会零售总额/元	23	201 889	3 989 569	1 172 106.09	1 067 154.926
农业产值/亿元	23	16.06	368.60	127.863 5	105.703 19
公路密度/[km·(100 km)$^{-1}$]	23	52.40	196.00	131.140 0	35.599 16
村级电商服务站个数/个	23	5.0	394.0	164.652	87.089 1
年末户籍人口/人	23	76 248	2 474 422	938 727.17	619 097.234
中职以上学校在校生人数/人	23	260	16 659	3 360.00	3 999.510
农村电商年度培训人次/人次	23	2 000	15 000	6 050.30	3 141.833
政府政策支持个数/个	23	1	20	5.13	4.093
政府财政支持金额/万元	23	1 500	3 868	1 879.04	560.658
省级及以上农业龙头企业数量/个	23	0	17	6.09	4.680
电商物流产业园数量/个	23	1	7	2.78	1.445
淘宝镇个数/个	23	0	18	1.74	3.852
广东省农产品区域公用品牌个数/个	23	0	4	1.57	1.343
省级名牌农产品个数/个	23	0	31	11.78	8.268
人均 GDP/元	23	14 253	66 615	34 327.83	12 051.092
农产品网络零售额/亿元	23	0.07	12.00	4.558 7	3.784 66
县域电商交易额/亿元	23	1.57	460.00	72.959 6	115.238 82
有效个案数	23				

根据表 6-1 和《粤东西北电子商务进农村示范县（市）各项指标数据》（见附件三）得出如下结论：

(1) 普宁市的2019年度GDP最高，达631亿元，经济综合能力最强。汕头市南澳县因岛屿限制，面积和人口少，工业不发达，所以生产总值在所有县域中最小。惠东县和普宁市的社会零售总额达300亿元以上，本地商业比较发达。除了岛屿南澳县，始兴县的商业发展落后。

(2) 示范县农业产值中，普宁市、惠东县和高州市的产值总额超过300亿元，属于农业大省，农产品电商的产业基础雄厚，而丰顺县、始兴县、南澳县的农业产值较低。

(3) 公路密度中廉江市的整体路况最好，公路密度最高。在村级电商服务站建设中，普宁市达394个，居各县首位。始兴县、佛冈县、南澳县的电商服务站最少。

(4) 普宁市的年末户籍人口最多，这也说明了在珠三角地区附近，经济发展较好的县域，人口的迁出流量会减少。南雄市、翁源县、佛冈县、陆河县的户籍人口都小于50万。

(5) 在中职以上学校在校生人数指标中可以看出，高州市、普宁市因为经济发展较好，教育水平也雄踞一方。

(6) 五华县、兴宁市、普宁市的2019年度农村电商培训人次都超过了10 000人次，为农村电商人才基础储备了力量。在示范县各级政府出台的政策中，五华县以20个政策位居榜首，且支持资金达3 868万元，这充分说明了五华县政府在农村电商发展上的重视程度和政策实施力度。相反，在南澳县、始兴县、化州市政府网专栏网站上只看到一条政府硬性规定的《××县国家级电子商务进农村综合示范县实施方案》，其他政策和制度缺乏，政策贯彻力度和实施水平有待加强。

(7) 在省级及以上农业龙头企业指标中，高州市有17个省级及以上农业规模龙头企业，对农业的带动性较强，线上转型的实力也比较雄厚。英德市有16个，大埔县有15个。普宁市虽然农业规模较大，但是省级及以上农业龙头企业只有2个，说明农业比较分散。遂溪县也只有1个规模性农业龙头企业。

(8) 23个示范县总共有38个淘宝镇，普宁市占了18个，占比将近一半。这说明普宁市的农村电商主要依靠轻工业品。临近珠三角地区的惠东县有6个淘宝镇、龙门县有5个，其他县域均在1个及以下，其中高达11个县域没有淘宝镇，电商发展基础和氛围非常薄弱。

（9）在农产品品牌个数指标中，高州市、化州市、兴宁市分别有4个县域公用农产品品牌，大埔县、南澳县、惠东县、佛冈县、遂溪县至今没有县域公用农产品品牌。省"粤字号"农产品品牌中，始兴县有29个，位居首位。南澳县、遂溪县和和平县、丰顺县的农产品品牌影响力度需要加强。

（10）人均生产总值指标（GDP）中，惠东县为66 615元，位于各县首位，五华县和兴宁市的人均GDP最低，贫困人口较多。

（11）在县域电子商务交易额指标中，虽然数据不全，但大致也可以看出，普宁的电商交易额最高，达460.00亿元，几乎是所有县域之和。电商发展已趋于成熟。而陆河县、始兴县、广宁县和南澳县电商还处于初始发展阶段，交易额比较低。在农产品电商交易额中，除了普宁市外，遂溪县以10.3亿元居于第二位。陆河县的农产品电商不到1千万元，紫金县、始兴县和广宁县的农产品电商交易额不超过1个亿元。

二、KMO 和 Bartlett 球形检验

在SPSS26.0统计软件中输入标准化后的数据，显示KMO和Bartlett球形检验结果如表6-2所示。

表6-2　KMO 和 Bartlett 球形检验结果

KMO		0.624
Bartlett 球形检验	近似卡方	440.788
	df	153
	p	0.000

从表6-2可以看出，在KMO检验中，数据KMO是0.624，大于0.5，说明比较适合做因子分析。且Bartlett球形检验对应p值小于0.05，也说明适合进行因子分析。

三、公因子方差提取

"公因子方差"是"公因子"对"初始变量"的提取情况，即提炼出的"新的、综合性的评价指标对"原评价指标"所表示的程度。如表6-3所示，"原评价指标"中所有评价指标变量的共同度均高于0.7，说明相关度高，基本确定适用于公因子分析。

表6-3 公因子方差分析结果

项　　目	初始	提取
年度 GDP/亿元	1.000	0.967
社会零售总额/元	1.000	0.927
农业产值/亿元	1.000	0.963
公路密度/[km·(100 km)$^{-1}$]	1.000	0.898
村级电商服务站个数/个	1.000	0.879
年末户籍人口/人	1.000	0.934
中职以上学校在校生人数/人	1.000	0.619
农村电商年度培训人次/人次	1.000	0.885
政府政策支持个数/个	1.000	0.860
政府财政支持金额/万元	1.000	0.814
省级及以上农业龙头企业数量/个	1.000	0.809
电商物流产业园数量/个	1.000	0.835
淘宝镇个数/个	1.000	0.906
广东省农产品区域公用品牌个数/个	1.000	0.875
省级名牌农产品个数/个	1.000	0.731
人均 GDP/元	1.000	0.896
农产品网络零售额/亿元	1.000	0.894
县域电商交易额/亿元	1.000	0.949

提取方法：主成分分析法。

四、主成分提取和权重确定

1. 方差解释率（见表6-4）和主成分提取

表6-4 数据的方差解释率

因子编号	特征根	方差解释率/%	累积/%	旋转前特征根	方差解释率/%	累积/%	旋转后特征根	方差解释率/%	累积/%
1	7.901	43.893	43.893	7.901	43.893	43.893	7.695	42.749	42.749
2	3.617	20.097	63.990	3.617	20.097	63.990	3.397	18.872	61.621
3	1.954	10.858	74.848	1.954	10.858	74.848	1.906	10.592	72.213
4	1.139	6.328	81.176	1.139	6.328	81.176	1.392	7.735	79.948
5	1.027	5.706	86.882	1.027	5.706	86.882	1.248	6.934	86.882
6	0.687	3.815	90.697	—	—	—	—	—	—
7	0.518	2.880	93.578	—	—	—	—	—	—
8	0.311	1.730	95.308	—	—	—	—	—	—
9	0.214	1.189	96.497	—	—	—	—	—	—
10	0.189	1.049	97.546	—	—	—	—	—	—
11	0.142	0.792	98.337	—	—	—	—	—	—
12	0.135	0.748	99.086	—	—	—	—	—	—
13	0.057	0.315	99.401	—	—	—	—	—	—
14	0.051	0.286	99.687	—	—	—	—	—	—
15	0.024	0.134	99.821	—	—	—	—	—	—
16	0.018	0.101	99.922	—	—	—	—	—	—
17	0.011	0.061	99.983	—	—	—	—	—	—
18	0.003	0.017	100.000	—	—	—	—	—	—

通过表6-4可知，有5个成分的特征值满足被认定为主要影响的条件。从旋转后的载荷中我们可以看出，第一主成分特征值是7.695，解释了方差的42.794%，是对总方差解释能力最强的一个成分。第二个主成分是3.397，解释了方差的18.872%，是第二强的一个成分。第三个主成分是1.906，解释了方差的10.592%。第四、第五主成分特征分别是1.392和1.248，分别解释了方差的

7.735%和6.934%，尽管各自解释了方差不到总方差的十分之一，但是使得最终累计方差贡献率达到86.882%，基本涵盖了原始18个指标的大部分信息，达到了降维的目的。数据的主成分提取碎石图如图6-1所示。

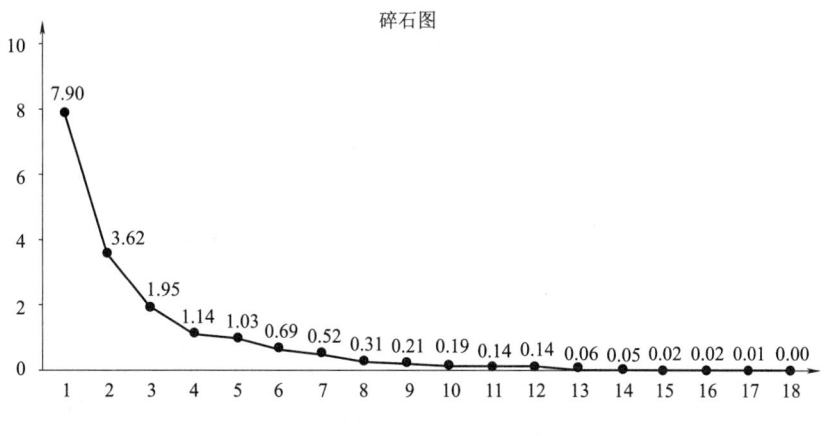

图6-1 数据的主成分提取碎石图

2. 主成分矩阵分析

旋转后因子载荷系数表格如表6-5所示。

表6-5 旋转后因子载荷系数表格

项目	因子1	因子2	因子3	因子4	因子5	共同度（公因子方差）
年度GDP/亿元	0.943	-0.149	0.136	0.034	0.186	0.967
社会零售总额/元	0.937	-0.102	0.029	-0.088	0.172	0.927
农业产值/亿元	0.962	-0.110	0.097	0.002	0.128	0.963
公路密度/[km·(100 km)$^{-1}$]	0.551	-0.088	-0.150	-0.076	0.711	0.898
村级电商服务站个数/个	0.495	0.767	0.065	0.201	0.012	0.879
年末户籍人口/人	0.798	0.353	0.064	0.269	0.311	0.934
中职以上学校在校生人数/人	0.709	0.146	0.153	0.225	-0.147	0.619
农村电商年度培训人次/人次	0.493	0.667	-0.132	0.189	-0.299	0.885
政府政策支持个数/个	-0.219	0.833	0.211	-0.272	0.023	0.860
政府财政支持金额/万元	0.022	0.773	0.389	-0.204	-0.149	0.814

续表

项目	因子载荷系数					共同度（公因子方差）
	因子1	因子2	因子3	因子4	因子5	
省级及以上农业龙头企业数量/个	0.143	0.220	0.855	0.054	0.077	0.809
电商物流产业园数量/个	0.878	0.201	0.014	0.154	-0.002	0.835
淘宝镇个数/个	0.758	0.233	-0.391	-0.152	-0.318	0.906
广东省农产品区域公用品牌个数/个	0.087	-0.003	0.414	0.775	-0.055	0.875
省级名牌农产品个数/个	-0.004	0.044	0.755	0.332	-0.220	0.731
人均GDP/元	0.361	-0.765	0.086	-0.362	-0.206	0.896
农产品网络零售额/亿元	0.891	-0.017	0.126	-0.076	0.279	0.894
县域电子商务交易额/亿元	0.957	0.003	-0.184	-0.014	-0.010	0.949

从表6-5中我们可以看出：

（1）年度GDP、社会零售总额和农业产值三个因子在因子1上的载荷系数比较高，可以将这三个因子命名为"产业经济基础"指标。

（2）公路密度和村级电商服务站个数在因子1上载荷较高，可以分类命名为"物流建设基础"指标。

（3）年末户籍人口、中职以上学校在校生人数在因子1上载荷较高，但农村电商培训人次除了在因子2上载荷较高外，因子1的载荷得分也较高。所以将这三个指标统一起来，命名为"人才基础"指标。

（4）政府政策支持个数和政府财政支持金额指标在因子2上载荷较高，可统一命名为"政府政策支持"指标。

（5）电商物流产业园数量、淘宝镇个数在因子1上载荷系数较高，可统一命名为"产业集聚"指标。省级及以上农业龙头企业数量指标原本规划在产业集聚二级指标下，但是其载荷因子在因子3上较高，所以归为"品牌效应"指标。

（6）省级及以上农业龙头企业数量、广东省农产品区域公用品牌个数、省级名牌农产品个数在因子3上载荷较高或者次高，因此命名为"品牌效应"指标。

（7）人均GDP、农产品网络零售额、县域电商交易额在因子1上载荷较高，因此命名为"网络购销规模"指标。

线性组合系数及权重结果如表6-6所示。

表6-6 线性组合系数及权重结果

项目	名称	因子1	因子2	因子3	因子4	因子5	综合得分系数	权重
	特征根（旋转后）	7.695	3.397	1.906	1.392	1.248		
一级指标	方差解释率	42.75%	18.87%	10.59%	7.74%	6.93%		
产业经济基础	年度GDP/亿元	0.340 1	0.080 6	0.098 7	0.028 9	0.166 6	0.212 8	6.42%
产业经济基础	社会零售总额/元	0.337 9	0.055 1	0.020 8	0.074 8	0.153 7	0.199 7	6.03%
产业经济基础	农业产值/亿元	0.346 6	0.059 6	0.070 5	0.001 7	0.114 7	0.201 4	6.08%
物流建设基础	公路密度 [km·(100 km)$^{-1}$]	0.162 6	0.047 7	0.108 4	0.064 2	0.726 2	0.167 3	5.05%
物流建设基础	村级电商服务站个数/个	0.178 4	0.416 4	0.047	0.170 7	0.010 8	0.2	6.04%
人才基础	年末户籍人口/人	0.287 5	0.191 5	0.046 4	0.228 2	0.278 4	0.231 2	6.98%
人才基础	中职以上学校在校生人数/个	0.255 5	0.079 3	0.110 6	0.190 9	0.131 3	0.183 9	5.55%
人才基础	农村电商年度培训人次/人次	0.141 7	0.416 1	0.096	0.16	0.267 6	0.207 4	6.26%
政府政策支持	政府政策支持个数/个	0.078 9	0.451 7	0.153 1	0.230 6	0.020 7	0.177 8	5.37%
政府政策支持	政府财政支持金额/万元	0.007 8	0.419 5	0.282	0.172 6	0.133 6	0.155 4	4.69%
产业集聚	电商物流产业园数量/个	0.316 4	0.109 2	0.010 3	0.130 8	0.001 6	0.192 4	5.81%
产业集聚	淘宝镇个数/个	0.273 2	0.126 5	0.283 1	0.128 5	0.284 9	0.230 6	6.96%

续表

项目	名称	因子1	因子2	因子3	因子4	因子5	综合得分系数	权重
一级指标	特征根（旋转后）	7.695	3.397	1.906	1.392	1.248		
	方差解释率	42.75%	18.87%	10.59%	7.74%	6.93%		
品牌效应	省级及以上农业龙头企业数量/个	0.0516	0.1191	0.6194	0.0454	0.069	0.1363	4.12%
	广东省农产品区域公用品牌个数/个	0.0315	0.0016	0.2273	0.7416	0.049	0.1135	3.43%
	省级名牌农产品个数/个	0.0013	0.0241	0.5468	0.2815	0.1969	0.1133	3.42%
网路购销规模	人均GDP/元	0.13	0.4152	0.0621	0.3066	0.1843	0.2037	6.15%
	农产品网络零售额/亿元	0.3212	0.0095	0.091	0.0647	0.2493	0.1969	5.94%
	县域电子商务交易额/亿元	0.3449	0.0017	0.1329	0.0121	0.009	0.1881	5.68%

3. 成分矩阵分析

成分得分系数矩阵如表6-7所示。

表6-7 成分得分系数矩阵

名称	成分1	成分2	成分3	成分4	成分5
年度GDP/亿元	0.122	-0.072	0.092	-0.024	0.061
社会零售总额/元	0.126	-0.046	0.050	-0.105	0.046
农业产值/亿元	0.130	-0.061	0.073	-0.048	0.009
公路密度[km·(100 km)$^{-1}$]	-0.010	0.039	-0.063	-0.008	0.661
村级电商服务站个数/个	0.039	0.219	-0.053	0.099	0.036
年末户籍人口/人	0.063	0.099	-0.035	0.174	0.239
中职以上学校在校生人数/人	0.104	-0.007	0.040	0.110	-0.176
农村电商年度培训人次/人次	0.054	0.211	-0.169	0.118	-0.230
政府政策支持个数/个	-0.047	0.273	0.122	-0.291	0.099
政府财政支持金额/万元	0.006	0.217	0.220	-0.287	-0.079

续表

名称	成分				
	成分1	成分2	成分3	成分4	成分5
省级及以上农业龙头企业数量/个	0.010	0.010	0.486	-0.142	0.076
电商物流产业园数量/个	0.114	0.030	-0.031	0.078	-0.064
淘宝镇个数/个	0.137	0.059	-0.214	-0.102	-0.345
广东省农产品区域公用品牌个数/个	-0.017	-0.067	0.010	0.646	-0.014
省级名牌农产品个数/个	0.011	-0.071	0.380	0.106	-0.173
人均GDP/元	0.112	-0.265	0.181	-0.306	-0.299
农产品网络零售额/亿元	0.106	-0.015	0.099	-0.112	0.153
县域电子商务交易额/亿元	0.138	-0.016	-0.100	-0.015	-0.104

从表6-7中可以看出成分矩阵的得分：

（1）因子得分1 = 0.122×年度GDP（亿元）+ 0.126×社会零售总额（元）+ 0.130×农业产值（亿元）- 0.010×公路密度（km/100 km）+ 0.039×村级电商服务站个数（个）+ 0.063×年末户籍人口（人）+ 0.104×中职以上学校在校生人数（人）+ 0.054×农村电商年度培训人次（人次）- 0.047×政府政策支持个数（个）+ 0.006×政府财政支持金额（万元）+ 0.010×省级及以上农业龙头企业数量（个）+ 0.114×电商物流产业园数量（个）+ 0.137×淘宝镇个数（个）- 0.017×广东省农产品区域公用品牌个数（个）+ 0.011×省级名牌农产品个数（个）+ 0.112×人均GDP（元）+ 0.106×农产品网络零售额（亿元）+ 0.138×县域电子商务交易额（亿元）。

（2）因子得分2 = -0.072×年度GDP（亿元）- 0.046×社会零售总额（元）- 0.061×农业产值（亿元）+ 0.039×公路密度（km/100 km）+ 0.219×村级电商服务站个数（个）+ 0.099×年末户籍人口（人）- 0.007×中职以上学校在校生人数（人）+ 0.211×农村电商年度培训人次（人次）+ 0.273×政府政策支持个数（个）+ 0.217×政府财政支持金额（万元）+ 0.010×省级及以上农业龙头企业数量（个）+ 0.030×电商物流产业园数量（个）+ 0.059×淘宝镇个数（个）- 0.067×广东省农产品区域公用品牌个数（个）- 0.071×省级名牌农产品个数（个）- 0.265×人均GDP（元）- 0.015×农产品网络零售额（亿元）-

0.016×县域电子商务交易额（亿元）。

（3）因子得分3 = 0.092×年度GDP（亿元）+ 0.050×社会零售总额（元）+ 0.073×农业产值（亿元）- 0.063×公路密度（km/100 km）- 0.053×村级电商服务站个数（个）- 0.035×年末户籍人口（人）+ 0.040×中职以上学校在校生人数（人）- 0.169×农村电商年度培训人次（人次）+ 0.122×政府政策支持个数（个）+ 0.220×政府财政支持金额（万元）+ 0.486×省级及以上农业龙头企业数量（个）- 0.031×电商物流产业园数量（个）- 0.214×淘宝镇个数（个）+ 0.010×广东省农产品区域公用品牌个数（个）+ 0.380×省级名牌农产品个数（个）+ 0.181×人均GDP（元）+ 0.099×农产品网络零售额（亿元）- 0.100×县域电子商务交易额（亿元）。

（4）因子得分4 = -0.024×年度GDP（亿元）- 0.105×社会零售总额（元）- 0.048×农业产值（亿元）- 0.008×公路密度（km/100 km）+ 0.099×村级电商服务站个数（个）+ 0.174×年末户籍人口（人）+ 0.110×中职以上学校在校生人数（人）+ 0.118×农村电商年度培训人次（人次）- 0.291×政府政策支持个数（个）- 0.287×政府财政支持金额（万元）- 0.142×省级及以上农业龙头企业数量（个）+ 0.078×电商物流产业园数量（个）- 0.102×淘宝镇个数（个）+ 0.646×广东省农产品区域公用品牌个数（个）+ 0.106×省级名牌农产品个数（个）- 0.306×人均GDP（元）- 0.112×农产品网络零售额（亿元）- 0.015×县域电子商务交易额（亿元）。

（5）因子得分5 = 0.061×年度GDP（亿元）+ 0.046×社会零售总额（元）+ 0.009×农业产值（亿元）+ 0.661×公路密度（km/100 km）+ 0.036×村级电商服务站个数（个）+ 0.239×年末户籍人口 - 0.176×中职以上学校在校生人数（人）- 0.230×农村电商年度培训人次/（人次）+ 0.099×政府政策支持个数（人）- 0.079×政府财政支持金额（万元）+ 0.076×省级及以上农业龙头企业数量（个）- 0.064×电商物流产业园数量（个）- 0.345×淘宝镇个数（个）- 0.014×广东省农产品区域公用品牌个数（个）- 0.173×省级名牌农产品个数（个）- 0.299×人均GDP（元）+ 0.153×农产品网络零售额（亿元）- 0.104×县域电子商务交易额（亿元）。

五、综合绩效评价

将各主成分的特征值比重作为各主成分因子的权重，得到综合得分表达式：

$$F = \frac{\lambda_1}{\sum_{j=1}^{5}\lambda_j} \times F_1 + \frac{\lambda_2}{\sum_{j=1}^{5}\lambda_j} \times F_2 + \frac{\lambda_3}{\sum_{j=1}^{5}\lambda_j} \times F_3 + \frac{\lambda_4}{\sum_{j=1}^{5}\lambda_j} \times F_4 + \frac{\lambda_5}{\sum_{j=1}^{5}\lambda_j} \times F_5$$

根据各主成分的表达式 F_j 以及主成分的综合得分表达式 F，代入各综合示范县县域的标准化评价指标数据，就可以得出广东省各国家级综合示范县农村电商发展成效的评价情况，具体结果如表 6-8 所示。

综合得出广东省 23 个国家级电商进农村电商综合示范县农村电商发展绩效综合得分。

表 6-8 广东省 23 个国家级电商进农村电商综合示范县农村电商发展绩效综合得分

示范县	F1	F2	F3	F4	F5	F 综合得分	排序
普宁市	1.62	0.33	-0.26	0.03	-0.1	1.62	1
高州市	0.82	-0.13	0.23	0.09	0	1.02	2
惠东县	1.02	-0.32	0.09	-0.17	-0.03	0.58	3
化州市	0.49	-0.18	0	0.14	0.11	0.57	4
五华县	-0.17	0.65	0.12	-0.06	0	0.54	5
英德市	0.11	0.1	0.27	0.01	-0.03	0.47	6
廉江市	0.36	-0.12	-0.04	-0.01	0.18	0.37	7
兴宁市	-0.15	0.12	-0.06	0.2	0.04	0.15	8
罗定市	-0.11	0.02	0.06	0.02	0.1	0.08	9
海丰县	0.14	-0.02	0.02	-0.09	-0.08	-0.02	10
遂溪县	0.11	-0.09	-0.09	-0.09	0.13	-0.02	11
大埔县	-0.35	0.17	0.14	-0.1	0.04	-0.1	12
紫金县	-0.34	0.1	0.02	0.08	-0.03	-0.18	13
丰顺县	-0.35	0.15	-0.11	0.01	0.05	-0.25	14
南雄市	-0.29	0.09	0.01	-0.08	0.01	-0.26	15
和平县	-0.33	0.18	-0.06	-0.02	-0.04	-0.27	16
翁源县	-0.4	-0.05	-0.04	0.07	-0.07	-0.49	17

续表

示范县	F1	F2	F3	F4	F5	F综合得分	排序
龙门县	-0.23	-0.25	-0.01	0.04	-0.08	-0.52	18
始兴县	-0.4	-0.24	0.09	0.1	-0.1	-0.54	19
陆河县	-0.42	-0.05	-0.15	0.01	0.05	-0.56	20
广宁县	-0.28	-0.09	-0.09	0	-0.12	-0.58	21
佛冈县	-0.38	-0.16	-0.08	-0.08	0.05	-0.64	22
南澳县	-0.48	-0.21	-0.1	-0.11	-0.06	-0.96	23

六、聚类分析

聚类分析是根据样本的多个观测指标，找出一些能够度量样本或变量之间相似程度的统计量，以这些统计量作为分类的依据，把一些相似程度较大的样本（或指标）聚合为一类，把另外一些相似程度较大的样本（或指标）聚合为一类，直到把所有的样本（或指标）都聚合完毕，形成一个由小到大的分类系统。

我们通过因子分析，得出了广东省国家级电商进农村电商综合示范县的综合绩效排名，如果进一步对各一级指标进行深入分析，提出推进广东省农村电商各示范县的分类发展对策就要用到聚类分析。

1. 各县域农村电商的驱动类型

23个指标最终3维聚类中心如表6-9所示。23个县域聚类分类如表6-10所示。

表6-9 23个指标最终3维聚类中心

项目	1	2	3
Zscore（年度GDP/亿元）	-0.185 36	-0.515 23	1.656 90
Zscore（社会零售总额/元）	-0.181 71	-0.515 90	1.656 72
Zscore（农业产值/亿元）	-0.181 14	-0.505 23	1.624 36
Zscore（公路密度/[km·(100 km)$^{-1}$]）	-0.211 80	-0.293 42	1.007 33
Zscore（村级电商服务站个数/个）	1.094 83	-0.364 98	0.438 03
Zscore（年末户籍人口/人）	0.580 57	-0.559 49	1.330 11

续表

项　目	1	2	3
Zscore（中职以上学校在校生人数/人）	-0.172 35	-0.309 35	1.031 48
Zscore（农村电商年度培训人次/人次）	1.291 61	-0.324 47	0.198 45
Zscore（政府政策支持个数/个）	1.026 78	0.000 71	-0.618 19
Zscore（政府财政支持金额/万元）	1.445 25	-0.200 44	-0.265 84
Zscore（省级及以上农业龙头企业数量/个）	0.907 37	-0.246 51	0.195 10
Zscore（电商物流产业园数量/个）	0.381 22	-0.587 88	1.534 92
Zscore（淘宝镇个数/个）	-0.364 95	-0.226 50	0.898 46
Zscore（广东省农产品区域公用品牌个数/个）	0.820 43	-0.272 04	0.323 85
Zscore（省级名牌农产品个数/个）	1.155 14	-0.215 60	-0.046 28
Zscore（人均GDP/元）	-1.052 45	-0.032 33	0.728 45
Zscore（农产品网络零售额/亿元）	0.134 22	-0.488 47	1.384 88
Zscore（县域电子商务交易额/亿元）	-0.364 08	-0.462 42	1.605 71

表6-10　23个县域聚类分类

个案号	二级指标	聚类	距离
1	五华县	1	3.665
2	大埔县	2	3.124
3	兴宁市	1	3.019
4	丰顺县	2	1.971
5	和平县	2	2.273
6	紫金县	2	2.369
7	南澳县	2	3.301
8	普宁市	3	6.126
9	海丰县	2	2.847
10	陆河县	2	2.113
11	惠东县	3	3.589
12	龙门县	2	2.481
13	始兴县	2	3.340
14	南雄市	2	1.905
15	翁源县	2	1.665
16	英德市	1	2.626

续表

个案号	二级指标	聚类	距离
17	佛冈县	2	2.429
18	广宁县	2	2.359
19	罗定市	2	2.521
20	高州市	3	4.006
21	化州市	3	3.004
22	廉江市	3	3.330
23	遂溪县	2	3.745

研究运用 SPSS 26.0 统计软件对标准化后的 23 个指标进行了 K-均值聚类，根据多次试验，聚类数为 3 最为适宜。从表 6-9 和表 6-10 中我们可以看出：

（1）五华县、兴宁市和英德市在政府政策支持、政府财政支持金额、村级电商服务站和农村电商年度培训方面最为集中，得分最高，故可以把这三个县域的农村电商推动类型归为政府推动型。在这三个县域中，农产品交易量比较高，但是产业经济发展还比较薄弱，轻工业的淘宝镇比较少。

（2）普宁市、惠东县、高州市、化州市和廉江市在年度 GDP、社会零售总额、农业产值和县域电子商务交易额以及农产品网络零售额的得分最高，可以把这五个县域的农村电商推动类型归为产业经济推动型。这五个县域另外的明显特征是农村电商人才基础较好，但是在政府财政支持金额和政府政策支持方面得分最低，说明政府在农村电商方面的推动还不够。

（3）大埔县等 15 个示范县聚类分析为 2，可以归纳为综合发展型。从聚类 2 的得分可以看出，这些县域的整体产业经济比较薄弱，轻工业电商和农产品电商比较薄弱。为了分清楚这 15 个县域发展农村电商的优势和劣势，我们对这 15 个县域做了二次 K-均值聚类。15 个指标最终聚类中心如表 6-11 所示。15 个县域聚类分类如表 6-12 所示。

表 6-11　15 个指标最终聚类中心

项　目	1	2	3
Zscore（年度 GDP/亿元）	-0.708 42	0.073 82	-0.746 94

续表

项　目	1	2	3
Zscore（社会零售总额/元）	−0.662 36	0.003 73	−0.740 27
Zscore（农业产值/亿元）	−0.658 05	0.034 76	−0.737 87
Zscore（公路密度/[km·(100 km)$^{-1}$]）	−0.760 13	0.338 77	−0.325 94
Zscore（村级电商服务站个数/个）	−0.370 34	0.018 35	−0.616 06
Zscore（年末户籍人口/人）	−0.720 41	0.097 14	−0.863 14
Zscore（中职以上学校在校生人数/人）	−0.270 73	−0.182 90	−0.425 84
Zscore（农村电商年度培训人次/人次）	−0.353 14	−0.151 28	−0.416 04
Zscore（政府政策支持个数/个）	0.016 99	0.212 44	−0.154 02
Zscore（政府财政支持金额/万元）	−0.319 35	−0.230 16	−0.081 53
Zscore（省级及以上农业龙头企业数量/个）	0.066 89	−0.125 42	−0.588 40
Zscore（电商物流产业园数量/个）	−0.541 74	−0.714 79	−0.541 74
Zscore（淘宝镇个数/个）	−0.347 65	0.002 82	−0.278 42
Zscore（广东省农产品区域公用品牌个数/个）	0.323 85	−0.421 01	−0.669 30
Zscore（省级名牌农产品个数/个）	0.872 93	−0.548 21	−0.900 98
Zscore（人均GDP/元）	−0.197 31	−0.088 94	0.142 91
Zscore（农产品网络零售额/亿元）	−0.750 58	0.453 49	−0.898 02
Zscore（县域电子商务交易额/亿元）	−0.521 42	−0.242 75	−0.559 70

表 6−12　15 个县域聚类分类

个案号	二级指标	聚类	中心点距离
1	大埔县	1	3.154
2	丰顺县	2	2.213
3	和平县	3	2.388
4	紫金县	1	1.714
5	南澳县	3	2.422
6	海丰县	2	2.264
7	陆河县	3	1.656
8	龙门县	1	2.431
9	始兴县	1	2.183

续表

个案号	二级指标	聚类	中心点距离
10	南雄市	3	2.121
11	翁源县	1	1.187
12	佛冈县	3	1.989
13	广宁县	3	2.205
14	罗定市	2	1.906
15	遂溪县	2	2.488

从以上15个县域的二次聚类分析中我们可以看出：

①大埔县、紫金县、龙门县、始兴县和翁源县五个县域的产业经济基础比较差，但农产品品牌效应较高，可以归纳为品牌拉动型。

②丰顺县、海丰县、罗定市、遂溪县的产业经济基础和物流建设基础尚可，农产品网络交易额比较高，可归纳为农产品网销推动型。这四个县的农产品品牌效应较差，电商物流产业园建设情况一般。

③和平县、南澳县、陆河县、南雄市、佛冈县、广宁县的产业经济基础差，物流建设基础比较差，缺乏农村电商人才，品牌效应也比较差，但在政府政策支持层面尚可，也可归纳为政府推动型。

综上聚类分析所述，绘制如表6-13所示的广东省国家级电商进农村示范县聚类分析发展类型。

表6-13 广东省国家级电商进农村示范县聚类分析发展类型

类型	政府推动型	产业经济拉动型	综合发展型
一类	五华县、兴宁市、英德市	普宁市、惠东县、高州市	农产品网销推动：遂溪县、丰顺县、海丰县、罗定市
二类	和平县、南雄市、陆河县、佛冈县、广宁县、南澳县	化州市、廉江市	品牌拉动：大埔县、紫金县、龙门县、始兴县、翁源县

七、广东推进示范县农村电商发展路径建议

基于以上全国先行区域的农村电商发展经验模式、23个国家级电商进农村综合示范县指标的描述性统计分析、主成分分析、聚类分析以及调研结果,提出以下发展建议:

(一)继续大力支持农村电商发展

广东省内经济发展不平衡,城乡二元化问题突出。在国家高度重视"三农问题"、全面实施乡村振兴战略的布局下,如何让占80%面积的粤东西北农村地区实现"产业兴旺、生态宜居、乡风文明、治理有效、生活富裕"的积极向好局面,广东省任重而道远。

北京大学城市与环境学院许婵(2015)认为,在联网思维下,农民可以在乡村从事城市的职业,农村地区也有望依托电商实现跃迁式的城镇化发展,即由工业化带动跃迁至信息化带动发展。同时,全国农村电商经过近几年的实践,也涌现了如浙江遂昌、山东曹县、江苏沙集等电商带动农村地区发展的鲜活案例。因此研究认为,广东省应该继续加大国家级示范县项目申报和省级示范县项目的支持力度,支持粤东西北地区通过农村电商带动当地经济社会发展。

(二)加强示范县项目的政策监督和发展的可持续性

广东省的27个国家级和42个省级电商进农村综合示范县项目累计投入已达6亿元。虽然各县域都增加了政府电商进农村专栏,对实施过程和效果进行监管,但是在实施的过程中也有一些县域出现在基建上投入过多或者利用政府资金多开几场人才培训的草率现象。在调研中发现,五华县、英德市、大埔县、和平县等政府电商进农村工作制度完善、工作动态更新快,宣传也比较到位,但部分示范县工作欠佳。如廉江市1个月只发布2~3条工作动态,化州市电商进农村专栏动态2个多月未更新,高州市4个月未更新。因此建议政府在示范县建设过程当中,建立标准,实施过程性考核加强监督。

另外，诸如 2017 年、2018 年、2019 年建设的国家和省级的电商进农村示范县项目已经完工，除了考核其建设成果业绩，还应该加入可持续发展的定性考核。2 000 万元对于珠三角地区来说不算大数目，但对一些贫困示范县域而言，能带动当地农村电商实现从 0 至 1 的飞跃。然而，扶持期过后这些县域电商后发力量有多大？会不会因为资金支持中断而回到原来的状态？建议政府在电商进农村考核时加入项目建设期过后 3~5 年可持续发展考核任务目标。

（三）在示范县适当发展轻污染的轻工业消费品电商

电商长距离运输的特点决定其最适合于轻工业消费品。广东大部分地区属于山岭地带，地势崎岖，不适合农业的规模化生产，仅有的绿色无污染农产品也因为物流运输费用高、中途耗损较多难以实现规模化、经济化。在广东省国家级电商进农村示范县中，除了珠三角地区和粤东地区以外，其他粤西和粤北山区的国家级电商进农村示范县淘宝镇总共只有 7 个，可见整体轻工业消费品电商发展比较欠缺。

江苏沙集镇的拼装家具产业、山东曹县的演出服产业、湖南龙山县的土家织锦产业都是互联网＋大趋势下无中生有的产物。研究认为，农村电商不等于农产品电商。在国家投入资金对物流建设基础、农村电商服务体系和人才基础进行建设后，可以根据当地轻工业产业情况，适当发展少污染的轻工业消费品电商。具体可用扶贫结对、承接产业手工业的方式发展，使得当地轻工消费品产业进行聚集，然后再进行电商化。

（四）分区域分重点引导示范县进行农村电商建设

虽然全国先行农村电商发展模式众多，广东省也有不少发展经验，然而"千县千面"，任何照搬、统一套路的发展道路无疑不切合实际，难以持续。在发展农村电商的时候，我们应按照当地产业经济情况、区位状况、物流基础情况和服务体系情况进行分区域分重点推进。研究根据前面所做的调查研究和实证分析，提出如下建议：

（1）产业经济拉动型的普宁市、惠东县两地整体经济状况比较好，轻工业、农业产业基础有实力，无论是物流建设基础、产业聚集还是人才培育都优于其他示范县，当地淘宝集群发展也相对成熟。建议政府借鉴江苏睢宁的"沙集模式"，支持集物流、仓储、服务体系为一体的产业园建设，引导企业做大做强，重视知识产权、品牌意识，避免当地无序的同类低价竞争局面。

产业经济拉动型的高州市、化州市和廉江市农业产业基础雄厚，农业区域公用品牌、农产品品牌实力和龙头企业较多，建议强化这一优势，依托大企业推进农产品电商流通。同时应该注意，三个地区的政府电商政策贯彻执行力度不到位，应该多召开会议，强化政府大力发展农村电商的意识，对政府工作进行考核和监督。

（2）五华县、英德市和兴宁市等政府推动型农村电商示范县域积极贯彻政府政策，各项工作和实施措施做得比较到位，但是短板在于这些县域的轻工业消费品电商发展偏弱。虽然这三个地区都是粤北山区地带，但我们认为要全面带动当地电商的发展，应该适当鼓励发展少污染的轻工业消费品电商，扶持农村淘宝村和淘宝集群的发展，以此推进当地农村电商的全面发展。

和平县、南雄市、陆河县、佛冈县、广宁县、南澳县等县域的各项指标排名在示范县中都处于倒数，产业经济基础差、人才流失严重、农产品品牌和网络销售规模比较小。这些县域农村电商主要靠政府拉动，建议政府持续加大对这些地方农村电商发展的投入，电商绩效考核时不仅要注重目前的执行情况，还要考虑到未来几年内的可持续发展情况。

（3）大埔县、紫金县、龙门县、始兴县和翁源县的农村电商产业经济基础比较差，在发展农村电商特别是农产品电商时要注重农业的供给侧改革，规划好农业产业布局，特色农业和农产品加工工业，然后再图谋农村电商发展，否则仅仅建设农村电商服务体系，只能是空中楼阁，难以实现长足发展。

遂溪县、丰顺县、海丰县和罗定市等地区的农村电商发展产业经济基础和物流建设基础尚可，但是农产品品牌较差，轻工业消费品电商也薄弱。建议当地培育区域公用农产品品牌，适当发展消费工业品电商。

第七章

农村电商"英德模式"的发展经验总结

一、英德市农业经济状况

英德市位于广东省中北部，北江中游，是广东省面积最大的县级行政区，约 5 634.2 平方公里。2018 年，英德市实现地区生产总值 294.8 亿元，人口 118.7 万人，城镇居民人均可支配收入 27 193.5 元；农村居民人均可支配收入 15 468.1 元。英德市虽然地区生产总值居于广东省中游水平，但因山形地貌和村落散居，贫困村数位居广东省第二，共 78 个贫困村（全村农民年人均可支配收入 8 000 元（2014 年不变价）以下；农民年人均可支配收入低于 4 000 元为扶贫标准）。

英德市距离广东省省会城市广州约 130 公里，属于珠三角地区 2 个小时经济圈内县域。距离白云机场约 110 公里，京港澳高速公路、广乐高速、广清高速穿过其境内。有京广铁路和武广高铁经过，交通相对便利。

英德市旅游资源非常丰富，类型多样，广东省县（市）域旅游综合竞争力"十强"。有宝晶宫溶洞、奇洞温泉小镇、英西峰林等国家 AAAA 级旅游景区。茶叶是英德市支柱产业。2018 年全市茶园种植面积 12.3 万亩，茶叶总产量 8 300 吨，其中红茶产量 7 700 吨，综合产值达 36 亿元，2018 年英德红茶品牌价值达 23.63 亿元。2014—2019 年度英德市农业经济状况如表 7-1 所示。

表 7-1 2014—2019 年度英德市农业经济状况

年度	GDP /亿元	农民可支配收入 /元	农业产值 /亿元	年末户籍人口 /万人	农村零售额 /亿元
2014	223.82	10 879	41.49	109.55	48.85
2015	241.26	11 921	46.18	110.37	40.28
2016	257.81	13 137	49.17	115.49	36.55
2017	277.02	14 337	51.9	117.94	49.4
2018	294.8	15 468	44	118.7	59.1
2019	326.8	16 880	50.34	119.4	59.7

从表 7-1 中可以看出，2014—2017 年，英德市农业产值增长了 10.41 亿元，农民可支配收入也稳步增长，但低于粤东西北 2 万元左右的人均收入。英德市年末户籍人口基本保持平衡，相对于 2018 年粤西北地区省内户籍向珠三角地区净迁出 255 099 人的规模，已经处于向好的水平。2017—2019 年，得益于农村电商的不断推进，英德市农村零售额增长速度实现快速增长。英德市经济发展在清远所处的地位如表 7-2 所示。

表 7-2 英德市经济发展在清远所处的地位

年度	项目	英德市	清新区	佛冈县	连山县	连南县	连州市	阳山县
2013	GDP/亿元	184.03	170.2	77	24.15	26.91	100.11	71.14
	人均 GDP/万元	1.93	2.4	2.5	2.63	2.05	2.67	1.97
	农业产值/亿元	41.5	26.7	8.5	5.6	4.4	24.1	21.7
	农村人口/万人	89.32	60.37	26.02	9.53	13.77	43.02	46.8
2019	GDP/亿元	326.8	272.4	127	34.2	53.4	155	115
	人均 GDP/万元	3.3	3.72	3.99	3.6	3.95	4.03	3.08
	农业产值/亿元	63.87	50.34	16.9	8.99	10.54	41.99	41.38
	农村人口/万人	84.03	52.41	21.37	7.93	13.1	39.29	42.31

从表 7-2 的横向比较中可以看出，除清远市清城区外，英德市的 GDP 产值、农业产值等都在清远七个县（市）、区中排名首位，属于清远经济发展的重点县域。但是因为英德市虽然面积大，但山地崎岖，难以实现规模化种植，农村人口众多，所以人均 GDP 在清远市各县（市）区中排名倒数，贫困人口较多。

二、英德市农村电商发展阶段

2014 年英德市开始发展农村电商，几年来取得了不错的成绩。2015 年被评为

"广东省农村电子商务示范县",2019年被评为"国家级农村电子商务示范县"。在2016年广东县域电商大会上,英德市荣获"2015年广东县域电商创新县"称号。2018年全市网络零售总额25亿元,2016—2018年电商零售额年均增速为29.45%,全市农产品网络销售额7亿元,2016—2018年农产品网络零售年均增速为110.85%。

从纵向上看,英德市农村电商的发展可以分为四个阶段:萌芽阶段—形成阶段—巩固发展阶段—快速发展阶段。

第一阶段:萌芽阶段2015年

2014年之前,在国内涉农电商开始进入发展期的时候,英德市的农村电商还处在零星的萌芽阶段。因英德市农产品丰富,盛产茶叶、麻竹笋、蔬菜、菌菇干货等农产品,英德市一些茶企业、供销社和农产品合作社开始尝试"触电",将农产品进行网上销售,取得了不错的销售业绩。

2014年阿里巴巴集团在清远调研,发现清远地区农产品十分丰富,且区域上毗邻珠三角地区,非常适合发展农村电商。阿里巴巴集团于2014年12月与清远市达成广泛合作,大力推进了农村电商的发展。清远成为全国第二个推广阿里巴巴"千县万户"农村电商的地级市。

作为清远农业大县的英德市政府审时度势,2015年1月,在英德市委第十二届会议上,将发展农村电商确定为"2015年英德市十件民生实事"之一。随后成立了农村电商建设工作领导小组,进行了农村电商顶层设计,明确了发展思路。

2015年5月,英德市政府通过了《英德市与阿里巴巴农村电子商务合作协议》。2015年7月,英德市首批27家农村淘宝村级服务站隆重开业。据阿里巴巴的数据显示,开业当天即创了广东农村淘宝七项第一:广东省第一个以农村淘宝2.0模式进行合伙人招募的县级市;广东省第一个以农综改固点的模式开展建设的县域;广东省第一个编印农村电商执行标准的县域;广东省第一个开设了农村淘宝合伙人启程班、开展深度培训的县级市;开业成交广东农村淘宝的第一辆轿车的县域;市委常委和镇村干部分别到各村点开业仪式上剪彩致辞的第一个县域;开业当天下单总数近1 600单,代购总金额近33万元,交易量和交易额两项数据均创全省同批开业的村级服务站开业当天交易量和交易额第一。这初步凸显了英德市政府抓住机遇，敢创敢干的勇气。

第二阶段：形成阶段 2016—2017 年

农村电商"通榆模式"的缔造者莫问剑（2016）指出，"'人和'是发展县域电商的第一要素，人的重要性远远超过区域与资源本身。"这句话恰如描述英德市农村电商的形成期。

这一阶段英德市农村电商的发展基础依然薄弱，但是英德市政府通过建立电子商务协会、出台扶持政策、建设电子商务产业园等方式对农村电商服务体系、物流、人才培训等做了进一步的推进，英德市发展农村电商思路和成效的省标杆效应开始凸显。

2016 年 9 月，英德市成立了由政府、企业、社会团体组织共同参与的英德市电子商务协会，颁发了《英德市电子商务协会章程》。2017 年出台了《英德市电子商务专项扶持基金管理实施细则》，每年安排 100 万元作为电子商务专项扶持基金，对电商产业园运营业绩企业、农村电子商务村级服务站、镇级电商服务中心和校企合作的电商育人项目进行支持。印发了《农村淘宝县级工作指南》《农村淘宝村级工作指南》《农村合伙人工作指南》等，为广大英德市"农村淘宝合伙人"提供了规范化支持。

2016—2017 年，先后有肇庆市、韶关市、龙川县、饶平县、平原县、南雄市等广东省周边县（市）多次到英德市学习农村电商的发展经验，获得了广东省副省长、广东省商务厅、团中央青年发展部、全国供销社等单位和领导的表彰赞扬；同时获得了凤凰网、广东广播电视台、南方农村报社等媒体的广泛关注和宣传。

第三阶段：巩固发展阶段 2018—2019 年

"他山之石，可以攻玉。"英德市在利用自身资源推进农村电商发展的同时，不忘向外借力，积极申报广东省电子商务进农村综合示范县项目。2018 年 3 月，广东省商务厅批复英德市为"2018 年省级电子商务进农村综合示范县"，并给予 500 万元资金扶持。

2018年，英德市成立了省级电商建设工作领导小组，印发了《英德市省级电子商务进农村综合示范县（市）建设实施方案》。方案中明确规定了英德市农村电商发展的实施内容：推动农产品上行、完善农村电商园区建设、加快公共服务保障体系、完善电商镇村两极电商服务站点建设和加快完善农村电商培育体系建设等。提出了市经信局（电商办）、农业局、人社局、食药监局、团市委、市职校、供销社等多部门联动发展农村电商的机制。扶持资金通过招标、申报、专项补助等方式下达。

这一时期英德市的农村电商发展体系得到了进一步巩固。在物流方面，投入21万元完善物流配送末端，快件可低至2元/件，实现全市299个行政村物流全覆盖。将英德市农村电商产业园升级为"一园八中心"。在人才培育方面，累计举办电商培训班超过1 000期，培训规模超过2万人次。通过在各镇点建设乡村新闻官直播间，举行比赛的方式对当地农产品和品牌做出进一步宣传。这一时期英德市还举办了英德红茶互联网文化节、第四届广东农村电商峰会、广东电商兴农扶贫大会等宣传英德市农村电商的发展，省政府发展中心、省委宣传部、省商务厅视察了英德市农村电商发展情况。2018年10月习近平总书记亲临广东英德市电商产业园视察，对英德市农村电商发展工作给予充分肯定，为英德市进一步做好农村电商工作坚定了信心，提供了强大的动力。

第四阶段：快速发展阶段2020年至今

勇者攀登，从不止步。英德市在省级项目基础上继续申报国家级电商进农村示范项目。2019年7月，英德市荣获了"2019年国家级电子商务进农村综合示范县"称号，获得了2 000万元支持资金。之后，英德市成立了国家级电商进农村建设工作小组，2020年3月印发了《英德市2019年国家级电子商务进农村综合示范县（市）建设方案》，并专门在英德市人民政府网站开辟了"电子商务进农村"专栏。自此，有了资金投入、政策支持和市委书记牵头的电商工作小组组织保障，英德市农村电商进入飞速发展阶段。这一时期英德市推进农村电商发展的主要做法和业绩有：

1. 宏观布局发展目标思路，制定政策和多部门联动保障机制

英德市在成功获得了国家级电商进农村综合示范县项目后，专门成立了由常委副书记、市长为组长的领导小组，制定了《英德市 2019 年国家级电子商务进农村综合示范县（市）建设方案》英府办〔2020〕5 号，对英德市农村电商的发展目标进行了具体量化，对实施内容和牵头落实单位进行了责任划分，对项目实施进度进行了安排，对资金使用范围进行了明确的规定。2020 年 11 月，英德市成立了专门的国家级农村电商实施项目初验小组，市电商办定期对项目实施进度进行调研监督。

2. 借助社会组织、企业等各方力量开展工作

针对《英德市 2019 年国家级电子商务进农村综合示范县（市）建设方案》中建设任务，英德市通过专项资金申报的形式，将各项任务委托给 6 家企业进行分项建设。其具体任务如表 7-3 所示。

表 7-3 英德市国家级电子商务进农村综合示范县建设招标项目

项目名称	中标企业名称	中标金额/元
农村电子商务培训体系之电子商务知识培训采购项目	慧莱教育科技（广州）有限公司	999 500.00
构建典型引领示范机制之打造县域公共品牌采购项目	英德家优品互联网有限公司	2 490 000.00
农村电商公共服务体系之镇村电子商务服务站点建设项目	广东大农电子商务有限公司	1 275 000.00
农村流通基础设施建设项目	蜂网供应链管理（上海）有限公司	9 980 000.00
农村电商公共服务体系建设项目	广东大西牛农业科技股份有限公司	1 698 000.00
构建典型引领示范机制之打造电商产业园双创商圈项目	英德市合丰广告装饰有限公司	982 000.00

经过一年的建设期，目前有英德家优品互联网有限公司的公共品牌采购项目，慧莱教育科技（广州）有限公司的电商知识培训采购项目，广东大西牛农业科技股份有限公司的农村电商公共服务体系建设项目和广东大农电子商务有限公司的镇村电子商务服务站点建设等 4 个项目已经通过验收，农村流通基础设施和电商产业园双创商圈 2 个项目在建设之中。主要建设业绩有：

（1）推进物流仓储和网络基础设施建设，夯实农村电商基础。

项目前期投入 1.2 亿元，在英城镇和浛洸镇建设总面积为 10 000 平方米的国家级电商进农村仓储物流中心,大幅度降低物流成本。仓储配送中心结合现代仓储设计、本地农产品特点设400平方米的快件分拣区和100平方米以上的农产品冷藏冷冻库。项目配套建设自有知识产权的整套供应链IT生态系统,开发10条物流线路覆盖全市,整合5家年营业额1 000万元以上的商贸企业入驻,开发600家以上零售终端。仓储中心将现行的物流成本下降30%左右,将助力英德市实现电商年营业额5亿~10亿元目标。

在网络基础设施方面,英德市农村地区光纤网络覆盖率已经达到78.03%,实现4G+2G手机信号覆盖率73.02%。

(2)建设优化产业创业园和村级电商服务站,深化农村电商服务体系。

本阶段主要优化了英德市火车站附近的农产品流通产业园,提升该产业园"一园九中心"的功能。在西牛镇建设大西牛电商创业园服务中心(见图7-1),建设了连樟村电商公共服务中心,改善了254个镇村级电商服务站点。通过对产业园区、双创园区和镇村级电商服务站点的改造升级,优化了英德市农村电子商务服务体系。

图7-1 英德市西牛镇大西牛电商创业园

(3)加快农村电商人才培育。

英德市委托慧莱教育科技公司对英德市农村电商人才进行分级分类培训。慧莱教育科技公司整合市人社、工信、教育、扶贫、妇联、团委等有关部门培训资源,制订完善的培训计划和课程内容,实施基础普及性培训和增值培训累计

3 000 人次以上，建档立卡贫困户 1 726 人次，覆盖 24 个乡镇。培训项目涵盖的人群有政府部门、基层干部和大学生村官等有关人员；传统企业、创业青年、合作社和园区企业负责人；种植、养殖、加工、运输和销售大户；农村能人、经纪人和农业专业合作社成员等职业农民；贫困主体、农村连锁店、直营店、基层服务站等各行业、企业人员、社会人士和残疾人等。

(4) 打造英德区域农产品品牌，加强多种模式的营销推广。

先"营"地域，再"卖"产品，已经成为县域农村电商发展的共识。英德市委托英德家优品互联网有限公司对英德区域公共品牌推广体系、智慧县域与全域旅游应用体系、农产品产销对接推广活动和英德市"人才 + 网红"双培育进行建设。

在地域品牌方面，英德红茶和西牛麻竹笋被评选为广东省第三届名优特农产品。英德市结合英德红茶的"富硒""有机"为品牌升级方向，建立了"恰里茶"互联网品牌，与九龙镇政府签订了九龙豆腐、腐竹、桑芽菜等品牌孵化合作协议，促成九龙豆腐、西牛麻竹笋与阿里区块链技术接轨。目前全市有 173 个农产品品牌获 SC 认证，为产品品质提升和上行打下良好基础。

在营销推广方面，采用直播 + 网红的方式，孵化乡村新闻官为英德市农产品代言。打造以景区为核心的九龙豆腐连锁品牌，建设英德特色馆，英德红茶国际交易中心 B2B 平台，组织线上和线下农产品产销对接活动。

综上所述，英德市在省级和国家级电商进农村政策和资金的支持下，借助社会组织和企业夯实农村电商发展基础，深度构建了农村电商服务体系。可以预见，在未来一段时间内，英德市农村电商发展模式会成为广东省特色和标兵。

三、借鉴"五大模式"，探索英德市农村电商发展路径

2015 年以来，英德市紧抓互联网契机，发展农村电商，先后获评省级电子商务进农村示范县和国家级电子商务示范县。2018 年 10 月，习近平总书记到广东省调研，专门考察英德市农村电子商务产业园，了解当地以电商盘活特色产业、以产业发展推动精准扶贫情况。自此英德市农村电商获得了更多的发展资金，各项

电商发展政策也不断完善。英德市的农村电商有望驶入发展快车道。

"他山之石，可以攻玉。"如何借鉴县域电商先行实践区"五大模式"的经验，结合自己的产业特色、区位特色、现有电商基础走出一条综合改革发展之路对英德市来说至关重要。笔者总结了县域电商"五大模式"中对英德市农村电商发展路径有经验启示的做法和路径选择，如图7-2所示。

电商服务体系建设　　　　　　　　　电商产业发展布局

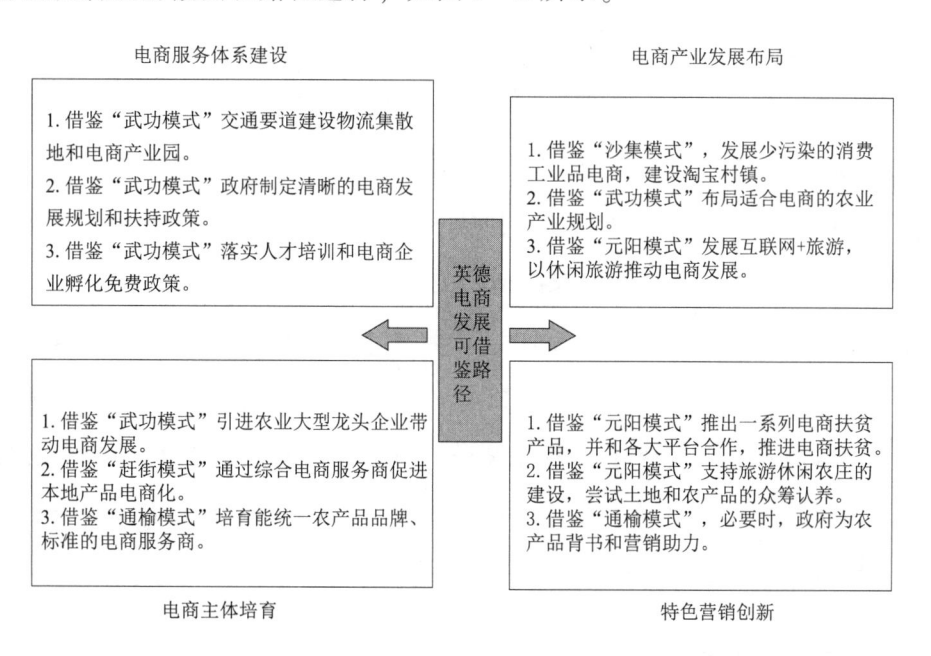

1. 借鉴"武功模式"交通要道建设物流集散地和电商产业园。 2. 借鉴"武功模式"政府制定清晰的电商发展规划和扶持政策。 3. 借鉴"武功模式"落实人才培训和电商企业孵化免费政策。	英德电商发展可借鉴路径	1. 借鉴"沙集模式"，发展少污染的消费工业品电商，建设淘宝村镇。 2. 借鉴"武功模式"布局适合电商的农业产业规划。 3. 借鉴"元阳模式"发展互联网+旅游，以休闲旅游推动电商发展。
1. 借鉴"武功模式"引进农业大型龙头企业带动电商发展。 2. 借鉴"赶街模式"通过综合电商服务商促进本地产品电商化。 3. 借鉴"通榆模式"培育能统一农产品品牌、标准的电商服务商。		1. 借鉴"元阳模式"推出一系列电商扶贫产品，并和各大平台合作，推进电商扶贫。 2. 借鉴"元阳模式"支持旅游休闲农庄的建设，尝试土地和农产品的众筹认养。 3. 借鉴"通榆模式"，必要时，政府为农产品背书和营销助力。

电商主体培育　　　　　　　　　　　特色营销创新

图7-2　英德市农村电商发展可借鉴路径

（一）规划电商产业发展布局

县域电商产业发展布局属于电商发展的顶层设计，也是县域电商可持续发展的动力。电商专家徐大地认为，各县域在发展农村电商的时候，不约而同地把重心偏向了服务体系的建设，然而没有产业，再宏伟的电商服务体系都没有用。产业布局包含在第一产业、第二产业和第三产业中，布局是促进电商未来可持续发展的支撑点。

在第一产业方面，英德市除了茶叶产业已经实现规模化以外，其他农产品的规模化和标准化程度还比较低。笔者曾在陕西武功县和邻近周至县调研，车行三至四个小时，两旁全是猕猴桃产业带，且武功县毗邻杨凌国家级农业科技示范区，产业和科技已经为电商发展夯实了基础。目前英德市也在布局清远鸡、柑橘、麻竹笋等产业带，应在布局农业产业时将电商发展考虑进去。

在第二产业方面，2019年，中国的淘宝村已达到4 310个，英德市目前有16个村级淘宝村服务站试点，以农产品为主，发展程度较低。学者沈怡宁对浙江省桐乡市12个淘宝村，共794份样本数据调查后得出区域内的集群效应对农村电商发展的增收效应有显著的正影响。朱红恒通过实证分析发现，增加农业生产不能有效提高农村居民的收入水平，加速农村居民的非农就业才是提高农村居民收入的有效途径。在广东省"一带一核一区"战略规划下，粤北地区规划发展生态农业为主。然而只依靠农业毕竟对农民增收效果有限，互联网更适合标准、没有保鲜期的工业品。建议英德市学习"沙集模式"和山东曹县模式，适当发展少污染的消费工业品电商，促进当地农民增收脱贫。

在第三产业方面，英德市毗邻珠三角地区，山形地貌、生态环境和产业多有相似之处。云南元阳县将互联网和旅游休闲产业紧密结合，探索体验式旅游业态的创新，让城市人来农村居住、参与农耕。浙江遂昌打造一个农家乐专业村床位情况平台，哪个村已经客满，哪个村有床位，一目了然。在旅游业中嵌入电商，让旅游更舒适便利，这也是英德市应该借鉴的方向。

(二) 电商主体的培育

2018年陕西武功县网络零售交易额35亿元，其中西域美农一个企业就占10%。清远市特色农产品清远鸡的网络销售，天农一个企业销售额达到了1.27亿元，这都说明了大型农业龙头企业在推动县域电商发展中的作用。目前英德市共有省重点农业龙头企业12个，应该扶持这些龙头企业做大做强并加快电商转型步伐。也可以通过引进大型农业供应链企业，促进当地电商发展。

遂昌"赶街模式"利用综合电商服务商来促进当地电商发展也非常值得借鉴。英德市是广东省行政地域最广的县级市，村落也多分散在山区，如果培育出一家大型网商综合服务商，收购农民手中的农产品，进行品牌包装、统一标准、统一销售，就能形成一个有效的农产品网商销售供应链。

吉林"通榆模式"的云飞鹤舞网络科技公司，不仅是针对农产品电商的服务商，还是针对整个县域电商发展谋划布局、顶层设计的服务商，目前已经服务了包括吉林、陕西、贵州在内的 100 多个县域，有丰富的经验。必要时英德市可以聘请这类公司作为县域电商第三方咨询服务商，以更高的格局更开阔的视野推动县域电商的发展。

（三）电商服务体系建设

（1）物流是电商发展的基础设施之一。陕西武功县将电商产业园建设在高速公路入口边，广东揭阳也是在一条大路旁边建设新农村，物流的便利有力地促进了电商的发展。英德市在建设电子商务产业园时也应该充分重视物流区位交通便利的影响。

（2）陕西武功县在发展电商时，明确了"买西北、卖全国"的发展理念和"一二三四五"的电商发展服务机制，顶层设计非常到位。笔者到陕西武功县电子商务产业园调研，所有的发展理念和发展思路全都在马路两边的橱窗里展示，这无形中给产业园中电商企业和创业者一种清晰的思路和力量。英德市农村电商产业园虽然也有发展布局，但是电商产业园内整体发展布局和网上创业激励式标语都还没有到位。

（3）发展县域电商，人才是先决条件。免费的分级分类培训、免费场地、小企业孵化都是不可缺少的服务项目。例如陕西武功县不仅落实了层面政策，还在分级分类培训中做得非常到位。定期组织政府官员考察、培训，提高互联网经济创新发展意识；定期组织生产企业、专家学者、电商企业举办沙龙；针对农村乡镇举办普及类的电商知识，针对电商从业者和创业农民青年举办强化技能培训等。这些都值得效仿和细耕。此外，还要注意对创业领头人的荣誉奖励和宣传。学者雷兵、刘蒙蒙曾对 26 个淘宝创业者深度访谈后发现，在短时间内，考虑创业领头人的作用比短期内投资产业园和物流产业园的基础设施更有意义。

（四）特色营销创新

（1）2020 年是全面建设小康社会，脱贫攻坚决战决胜之年，脱贫攻坚是国家战略性要求。2014—2018 年国家已经建设电子商务进农村示范县 952 个，其中大部分是中西部地区的贫困县。2016—2018 年连续三年中央一号文都提及要实施电商扶贫战略。云南元阳县抓住扶贫契机，经过资源梳理，围绕梯田米、梯田鸭蛋、中药材和云雾茶等开发了一系列电商扶贫产品，统一包装，统一认证，并通过聚划算、"双11"等活动进行批量销售，获得了很好的效果。英德市有78个贫困村，如何将这些扶贫农产品聚集起来进行包装，利用扶贫战略和扶贫手段对农产品进行网络营销也值得探索。

（2）"聚土地"是电商资本介入下的土地流转形式，具有电商与土地流转相结合、网上认筹与网上耕种相结合、生态农业与乡村旅游相结合等鲜明特点。其既是农业众筹，电商形式的创新也是现代农业发展的有益探索。云南元阳县按照国家政策流转梯田，进行众筹认养。利用淘宝、聚划算平台，在互联网平台团购推广梯田鱼、梯田米、梯田鸭蛋等梯田农副产品。英德市也属于山区地带，生态环境比较好，在国家改革三权分置的政策下，应有效利用毗邻珠三角地区的区位优势，探索电商经济下土地流转方式，进行土地认养和农副产品众筹，打造县域电商特色。

（3）政府为电商营销背书目前已经被看作诚恳亲民的农产品电商营销方式。2019年广东农产品博览会上，不仅有网红直播间，也有县长直播间。吉林通榆县在把当地农产品电商化的任务交给服务商的同时，也竭力为产品营销推广做宣传。河南省南阳市镇平县副县长王洪涛开直播半小时带货黄桃3 000单。政府代表公信力，英德市在茶叶、麻竹笋等网络销售时也可尝试政府背书的新网络营销方式。

四、英德市农村电商未来发展探讨

英德市农村电商发展的经验可以总结为"顺互联网之势，借政策之风腾飞"。在英德市农村电商发展的萌芽阶段，英德市政府就审时度势，看清楚了互联网对农产品流通的影响。一边积极推进电商服务体系建设，一边申请国家级和省级政策和资金的支持。在争取到发展资金后，以实施政策为引领，发挥"政府引导，企业主体"的作用，既让英德市农村电商的物流、产业园区、人才、服务体系等不断深化优化，也壮大了英德市企业的实力，取得了良好的成绩。

然而纵观全国农村电商发展的"通榆模式""武功模式""睢宁模式""元阳

模式"和农村电商最新趋势，对英德市农村电商的未来发展还要注意以下问题：

（一）促进三产业协同发展，逐步推进农业供给侧改革

首先，农村电商并不能狭义理解为农产品电商，轻工业和服务业均能有效促进农村电商的发展。农产品电商有保鲜、物流和季节性限制，对当地经济和居民收入水平拉动效率低。学者朱红恒早在2008年就通过实证分析发现，增加农业生产并不能有效提高农村居民的收入水平，而加速农村居民的非农就业才是提高农村居民收入的有效途径。

2020年广东省有淘宝村1 025个、淘宝镇225个，英德市目前还没有淘宝村/镇。据阿里巴巴研究院定义，"淘宝村"的认定要求电商年交易额达到1 000万元以上，本村活跃网店数量达到100家以上或活跃网店数量达到当地家庭户数的10%以上。英德市的农村电商虽以农产品为主，但还远达不到淘宝村的标准。笔者认为，仅仅依靠农产品电商无论是对农民的增收还是对农村电商氛围营造的影响都有限。既然在国家电商进农村项目的大力扶持下，英德市的电商服务体系已经日趋完善，那么在广东省"一带一区一核"的战略规划下，英德市应该学习山东曹县的演出服产业，广东军埔村的服装淘宝村，适当发展少污染的消费工业品电商。

其次，应逐步推进英德市农业供给侧改革。正如国际电商中心专家徐大地（2017）所指出的，各地在发展农产品电商的时候，都会不约而同地把中心偏向电商服务体系的建设，然而没有产业，再雄伟的电商服务体系都没有用，我们必须补足农业的课，如果用工业品的经验来发展农村电商，势必会失败。英德市属于山岭地貌，农业规模种植程度低，农产品加工程度低，与北大荒的豆类谷物，关中平原连片的猕猴桃产业带都有差距。英德市在促进农产品电商上行的同时，应着重规划农业产业布局，引导农民种植适合电商流通的农产品，并扶持农产品加工企业。

（二）培育电商服务企业的自我造血系统

陕西武功县80%的农村电商销售额来自陕西美农网络、绿益网库等几个年销售额几亿甚至10亿级规模的大企业，江苏睢宁县则是靠不断扩张的淘宝村支持。

英德市规模化的农电一体化企业和电商服务企业比较少。虽然在国家级和省级电商进农村示范建设项目中培育了部分电商服务企业,但是仅靠扶持难以壮大,政府还要注重企业自我造血系统考量。后续对该类企业的人才培育、品牌策划、营销推广、服务站点优化和农产品检测等活动监测也要跟上,避免出现轰轰烈烈之后的偃旗息鼓现象。

(三) 创新"聚土地"农村电商发展新模式

在全国土地三权分置改革的情形下,很多地方在探索"聚土地"模式。聚土地是电商资本介入下的土地流转形式,目前黑龙江、云南、安徽等省份的县域农村已经实施。例如安徽绩溪县的"聚土地"项目(见图7-3),以土地短租形式加快土地有效流转,以订单农业形式促进地方优质农产品流通、销售,让农民得到了高于种粮收入的租金和在租出土地上务工工资性收入,既稳定了农户土地流转收入,又增加了农民务工收入,拓宽了农民增收渠道。以绿色农产品和休闲旅游作为客户回报,恰好满足了城市居民回归自然、向往乡村田园生活的健康需求和心理需求。

图7-3 安徽绩溪县的"聚土地"项目

英德市梯田众多,开启"聚土地"模式后,珠三角地区的"城里人"可以认领英德市的梯田和耕地,雇佣当地农民耕种看管,用摄像头记录种植全过程,在周末或者节假日可以去体验种植或者采摘,也可以将种植的有机农产品通过电商社区进行邮寄销售。"聚土地"能加速网络经济和实体经济产业的深度融合。

第八章

农村电商揭阳"军埔村"模式发展经验总结

军埔村，位于广东省东部揭阳市锡场镇的西北部，总面积 0.53 平方千米，现有家庭近 500 户，总人口 2 700 多人。2013 年 12 月，在首届"中国淘宝村高峰论坛"上，军埔村被授予了"中国淘宝村"称号，是当年评出首批 14 个淘宝村里面广东省的唯一。

全国农村电商先行区的发展经验有政府推动型、产业推动型、服务商推动型，军埔村则属于当地农民自发性触网的内生模式。军埔村与在相对发达的产业集群或特色资源基础上发展起电商的地区不同，如河北清河、浙江义乌、浙江临安等，是完全由农民自发自创，而后因示范效应形成的电商产业聚集。

农村电商的揭阳"军埔村"已经被定为全国独特的内生性网上驱动发展模式。电商带动直接催生了本地的主要轻工业，拉动了当地经济的发展和农民就业。"军埔村"模式之所以被其他县域推崇，也是因为"军埔村"电商内生模式的门槛更低，可复制性更强。"军埔村"模式说明，在经济发展较为落后的农村地区并不一定非要等到工业化完成后才能步入信息化，而是可以采取信息化带动工业化方式实现跨越式发展。

一、揭阳"军埔村"农村电商的发展阶段

揭阳"军埔村"农村电商的发展可以分为三个阶段，即触网阶段，模仿复制阶段，繁荣发展阶段。

第一阶段：触网阶段（2012 年）

揭阳军埔村素有潮汕地区的经商传统和商业精神。军埔村所在的锡场镇主要传统产业是饼干、巧克力、糖果等，2003 年被认定为广东省"食品及食品机械专业镇"。但是因为加工规模小、产品档次低，在消费食品迅速品牌化的时代被市场边缘化，生存濒临危机。在这种情境下，军埔村的青壮年劳动力纷纷到广州、深圳等地区打工。

2012 年 7 月，在广州打拼的黄海金回到家乡军埔村，在家里开起了淘宝店。黄海金的示范再加上潮汕人骨子里的创新创业商业精神，迅速引来了 18 位同样是

广州、深圳等地区从事淘宝服装销售业的军埔村年轻人回乡，大家一起摸索淘宝服装经营之道。

第二阶段：模仿复制阶段（2013—2014年）

从2013年开始，淘宝销售服装的创业模式迅速在军埔村复制。广深打工青年纷纷回乡创业，原来的食品加工企业、小作坊也开始纷纷发展起了电商。2013年12月，军埔村单月电商成交额达1.2亿元，人均成交额超过4.5万元。2014年军埔村已经有400多户、2 000人从事服装电商交易，开的较好的店已经开始规模化扩张，天猫店开始运营，服装品牌化运营萌芽初现。

军埔村电商的巨大变化，同样引起了周边村镇的效仿，周边的锡场镇村、新亨村开了8 000多家淘宝店铺，销售产品类目也从青年服装扩展到皮具、五金、电器、玩具等。

第三阶段：繁荣发展阶段（2015—2018年）

2015年，军埔村电商进入了繁荣发展期。这一时期主要特点如下：

（1）电商产业链的裂变和延伸。军埔村的电商产业链在内生式模式的推动下快速裂变和延伸。随着销售规模的扩大，某些零售商开始转为分销商，从单纯的渠道商变为品牌商。品牌商的服装品牌化经营，产品设计——原材料采购——寻找厂家代工——分销给淘宝店。有些则转成了专门的电商服务商，致力于店铺设计、运营到营销的专业服务。

（2）政府开始重视农村电商的发展，从培育电商人才、实施普惠金融到支持产业聚集，对军埔村的电商繁荣发展做出了有力的推动。政府在此阶段建设了电商服务中心，提供电商人才培训、金融贷款、招商入驻等综合性电商服务。政府还支持成立了电子商务协会，电商协会在电商协调解决产品同质化问题、降低物流快递费用方面起到了重要的作用。此外，在货源供给方面，华尔美网批第一城在附近普宁市建成，有效缓解了军埔村网店扩张过程中出现的货源不足及产品单一化问题。

二、揭阳"军埔村"农村电商的发展经验总结

揭阳军埔村从"无中生有"到电商一条街川流不息的商业繁华景象,用实践撰写了一个农村电商时代的传奇。走在军埔村里的星座网批市场街道上,看车来车往,年轻人拿货发货忙碌的背影,年轻妈妈们抱着孩子在算账结账。对比国内、省内很多"空巢村",感慨良多。农村电商不仅能使农民在生活上达到富裕,就地城镇化、留守儿童问题也能迎刃而解。作者在江苏农村考察时,看到一些新农村建设得非常漂亮,似世外别墅,然而因为缺乏产业兴旺,年轻人还是外向流失,再漂亮的村子只能是老人和小孩独守的"空巢村"。

揭阳军埔村的电商在国内众多模式中属于农民内生式、自发式,是生命力最强的市场发展模式。从军埔村的电商发展历程、发展要素层面看,主要可以总结出以下发展经验:

(一)潮汕地区的经商传统和创业精神

潮汕人有与生俱来的创业意识。潮汕人号称东方犹太人,家庭教育注重从小培养赚钱意识,有"饿死不打工"说法。很多潮汕人都是十几岁帮助家里看店做生意,或在乡亲的店里帮忙,很早就学会了经商的本领。很多潮汕人把开店赚钱作为人生的唯一目标,这种非常现实主义的对生活没有其他幻想的专注心态,以及与生俱来的生意头脑,也是潮汕人经商成功的秘诀。潮汕经商名人有李嘉诚、马化腾、黄光裕等(布鲁斯登,2018)。

潮汕人重视宗族关系,能为规范市场起到一种信用的软约束。例如村里的淘宝店张三和厂家李四是宗亲关系,张三在李四店里拿货以后,可以网店卖了货再付款,这就降低了开店所需的流动资金,降低了开店风险。

农村特有的"熟人社会结构"以及低廉的仓储、人工成本与城市不同。一旦哪一家有了"生财之道"便很难保密,很容易模仿学习。农村低物流、仓储和学习成本为回乡创业的青年提供了机会,有利于电商的发展。(王玮,2015)

(二) 物流仓储基础优势

(1) 揭阳军埔村地理位置优越,紧邻206国道,距离汕昆高速公路入口不到1千米,毗邻潮汕机场和潮汕火车站。如此便捷的物流和陕西武功县"买西北、卖全国"的物流集散地比较类似。作者曾驾车从普宁市到军埔村,途径206国道,两旁的村子都是沿国道而建,马路宽阔,车流不息,所有产品出村非常容易,发去全国也很便捷。而全国很多地区的村子集聚而建,例如广东英德市连樟村,前不着省道,后不挨着高速,出了省道,在山里盘转一个小时才能到村子,产品或农产品出村成本就非常高。

(2) 仓储成本低。军埔村的电商是从食品加工产业转型而来的。村子里闲置着大量的食品厂和仓储中心,成本低廉,降低了创业成本。

(三) 产业经济基础支撑

军埔村位于揭阳市揭东区。揭阳市2019年的GDP在粤东地区排名第二,民营企业发达,是粤东制造业基地和商贸流通城市,有强大的服装、玉石加工、五金等产业支撑,全国80%的高档翡翠、70%的西洋参、30%的不锈钢在揭阳生产或者分销,世界每10件衬衫就有1件、每10件女士内衣就有6件产自揭阳,揭阳每年生产20亿双鞋 (李博,2016)。在军埔村的电商发展到一定程度后,逐渐对周围的产业集群产生了吸附作用。军埔村的星座网批市场、榕城协会电商服务仓、华尔美网批第一城……电商的产业、氛围、服务体系逐渐形成、繁荣,相互影响,相互支撑。

(四) 政府"有形之手"的适时推动

在一个商业生态单一、生态要素缺乏的产业环境中,政府可以在短期内迅速推动生态系统的规模化 (王玮,2015)。在看到军埔村的电商发展势头之后,2013年下半年,揭东区就成立了专门的电商领导小组,提出了要建设电商第一村,全力打造电商人才、服务、产业、文化和制度高地的规划。

(1) 政府通过扶持协会,加强电商人才的培训。其培训包括普惠性电商人才培训、精英型电商人才培训、涉外型人才培训和实战型人才培训，且大力鼓励当地龙头企业作为电商人才培训的承办单位，鼓励企业成立培训学校。

（2）支持产业集聚，推动各大制造业与军埔村进行合作供货。军埔村电商大道、星座网批市场、榕城协会电商服务仓、华尔美网批第一城的落地少不了政府的提前规划和大力支持。

（3）通过建立电子商务协会和电商服务中心的方式加强电商服务和市场有序引导。2015年之前，军埔村的快递费用每单7元左右。电商协会以整体单位为绩效和快递公司谈，整体降到每单3.5元左右，有力降低了电商的物流成本。同江苏睢宁沙集镇的拼装家具电商发展如出一辙，在发展到一定阶段后，肯定会出现一个区域产品同质化问题，各商户之间价格竞争激烈，导致利润薄弱甚至亏本。电商协会制定了自我约束机制，协调解决产品同质化问题，让大家减少同质化和低价竞争。

（4）建立军埔电商征信系统和贴息贷款制度等辅助市场良性竞争和发展。政府通过与电子商务协会合作，建立诚信基金，促进诚信交易。例如电商协会规定，会员内鼓励创新，不能相互模仿，违反则罚款2万元。政府与协会合作建立诚信基金，采取"假一罚十"的方式促进产品质量（王玮，2016）。

在促进电商的金融贷款方面，政府鼓励金融服务机构进入军埔村，对电商企业进行贴息贷款资助。军埔村出台了《军埔村电子商务贷款贴息暂行办法》《军埔村创业引导基金实施办法》《军埔村电子商务企业贷款风险补偿暂行办法》等。在电商企业申请贷款过程中，将网店的诚信经营信息作为贴息额度的参考。通过一系列制度化建设，促进了市场经营者的自我约束规范，提高了市场规范性。

第九章

农村电商发展分类探索

一、基于供给侧改革的农产品电商上行策略[①]

(一) 农产品电商进入高速发展期

随着互联网、信息化的发展,农产品电商这个几年前还被称为一片蓝海的市场,如今已是群英荟萃、方兴未艾。北京工商大学洪涛教授在《2018 农产品电商发展报告》中指出,根据杰佛里·摩尔生命周期理论,我国农产品电商已经跨过成长期,进入上升发展期。这表现在:

(1) 农产品电商交易额快速增长。2017 年,全国大宗农产品电子交易市场 585 家,交易规模超过 10 亿元。农产品网络零售交易额 2 436.6 亿元,其中生鲜农产品电商 1 391.3 亿元,增长 59.7%。农业部预计农产品电子商务零售交易额 2020 年将达到 8 000 亿元,农产品电商将进入繁荣发展期。

(2) 农产品电商市场资本角逐更加激烈,平台融资不断加码。近两年农产品电商成为炙手可热的投资领域。据统计,2017 年中国农村电商融资总计 62 亿元,农产品电商平台融资过半,其中易果生鲜达到 19 亿元,每日优鲜二轮融资达 21.4 亿元,如表 9-1 所示。

表 9-1 2017 年农村电商十大融资事件

序号	平台名称	金额	投资方
1	易果生鲜	3 亿美元	阿里巴巴
2	每日优鲜	3.3 亿美元	老虎基金、腾讯、联想投资等
3	汇通达	5 亿元	中美绿色基金
4	中农网	3.07 亿元	卓尔集团
5	食物优 Xcener	数千万美元	分布式资本方晟股权投资基金
6	大丰收	2 亿元	兰馨亚洲、华创资本、经纬中国等
7	九曳供应链	2 亿元	远洋资本
8	分分钟食材	1.1 亿元	清控银杏创投国家中小企业发展基金
9	农分期	1 亿元	贝塔斯曼亚洲、顺为资本等
10	乐村淘	1 亿元	天赋资本

数据来源:中国电子商务研究中心

[①] 文章发表于《当代农村财经》2019 年 8 月刊

(3) 农产品网络销售模式创新十分活跃，新业态蓬勃兴起。除了传统的 B2B、B2C、C2C、O2O 等网络销售模式外，BSC（分享式，体验式电商）、SNS-EC（农产品社交电商）、CSA（社区支持农业）等创新型销售模式十分活跃。2017 年，我国休闲农业、乡村旅游营业收入达到 7 400 亿元，各种创意农业、分享农业、体验农业等新模式层出不穷，助推了农产品电商上行的发展。

(4) 县域农产品电商发展迅速，打造出了一系列知名的地域性农产品及品牌。2017 年国务院、商务部等共出台了 8 项政策推进农产品电商的发展。目前，全国电商进农村综合示范活动已投入 125 亿元，覆盖了 756 个县。国内实践总结出浙江遂昌、陕西武功、吉林通榆、江苏睢宁等农产品电商发展模式。根据阿里巴巴研究院发布的农村淘宝数据显示，目前农村淘宝已孵化、培育出了 160 多个区域农业品牌，形成成县核桃、巴楚留香瓜、清远鸡等一系列知名的地域农产品。

（二）农产品电商上行过程中的困难和问题

从供给侧来看，中国农村幅员辽阔，物产丰富。2017 年我国主要农产品总量达到 211 828.25 万吨，再创历史新高。从需求方面看，我国有 14 亿人口，网民规模达 8.02 亿人，中等收入群体有 4 亿人左右。因此有理由认为农产品电商是一个广袤的市场，是未来电商的新增长点。然而农产品电商发展现实却与愿景相违背，2017 年爆发出的一些案例，凸显了农产品电商上行的困难。

1. 农产品滞销事件频发

2017 年，农产品滞销的新闻层出不穷。从陕西、四川到浙江、云南滞销的地域越来越广，从土豆、菠萝、砀山梨，到苹果、洋葱……滞销的农产品品种越来越多。农产品市场的供需调节出现了失衡。一方面，很多农产品收购价格压得极低；另一方面，城市里人吃到的蔬菜和水果又比较昂贵。

2. 农产品电商普遍亏损，出现倒闭潮

2014 年后，农产品电商领域各类投资和企业如雨后春笋，无人店、无人柜、众筹、社区支持农业、体验式电商等各种商业模式不断创新。然而，发展几年后却普遍出现了亏损潮和倒闭潮。据中国电子商务研究中心数据显示，全国 4 000 多家生鲜电商企业中只有 1% 盈利，4% 持平，88% 亏损，剩下 7% 巨额亏损。目前规模较大的农产品电商平台美味七七、青年菜君、天天果园等已退出农产品电商市场，国内最大的生鲜电商易果生鲜也宣布将战略调整到供应链。

3. 县域农产品电商轰轰烈烈之后归于平息

"扶上马送一程"，全国 90% 的县域电商都有政府主要的推动作用。很多县域制定了成立主抓农产品电商上行的领导班子，出台了一系列扶持政策，建立了农村电子商务产业园，但收效甚微。如专家徐大地调查后指出，"电商进农村示范县工程"推动了近 1/5 的县发展农产品电商。在实地考察和服务过程中，发现区县里的实际情况和反映到政府的报告有着很大的差距。有很大一批示范县，近两年发展下来，出现了巨大的失误。岳锐曾经对清远农产品电商发展进行了调研。他指出清远各县（市、区）基本都建立了相应的培训中心，主要设置在电子商务协会、电子商务产业园、创业中心等地方。这些培训中心少则十几台培训电脑，多则三四十台培训电脑，部分还配备了专业摄影设备、彩印设备，但这些培训中心的师资却非常稀少。从培训的人数来看，参训人数递减也越来越明显，大部分培训设备处在闲置状态。

（三）从供给侧视角看农产品电商上行困难的原因

为什么农产品电商市场出现趋势"火"与现实"冷"并存的局面？为什么县域农产品电商政策力度大而执行很困难？国际电商中心核心专家徐大地认为各地在发展农产品电商的时候，都不约而同地把重心偏向了服务体系的构建。然而没有产业，再豪华的电商服务体系都没用，我们必须补足农业的课，使农产品产业链成熟。如果用工业品的经验来构建农产品电商发展体系，势必会失败。

如图 9-1 所示，从农产品电商整个产业链来看，有供给侧和需求侧。从供给侧来看，有产业带规划、规模种植养殖、特色农业规划、产品加工、质量控制、龙头企业及中小电商企业培育、农产品仓储及物流建设、农业电商人才培育等。从需求侧来看，有运营策划、地标产品及品牌建设、区域人群细分、营销活动（平台促销、线上线下宣传活动策划）、销售渠道选择（B2B/B2C/O2O/CSA……）和售后服务管理等。需求侧是整个电商服务体系的内容，适用于工业和农业，我们应从供给侧视角来看约束农产品电商市场和县域农产品电商发展的"瓶颈"。

```
供          ● 产业带规划              ■ 运营策划
给             ● 规模种植养殖              ■ 地标产品及品牌建设        需
侧          ● 特色农业规划              ■ 区域人群细分           求
                  ● 产品加工             ■ 营销活动(平台促销、        侧
                  ● 质量控制                线上线下宣传活动
                                          策划)
             ● 龙头企业及中小电商
                企业培育             ■ 销售渠道选择
                                         (B2B/B2C/O2O/CSA……)
                ● 农产品仓储及物流建设
                                      ■ 售后服务管理
          ● 农业电商人才培育
```

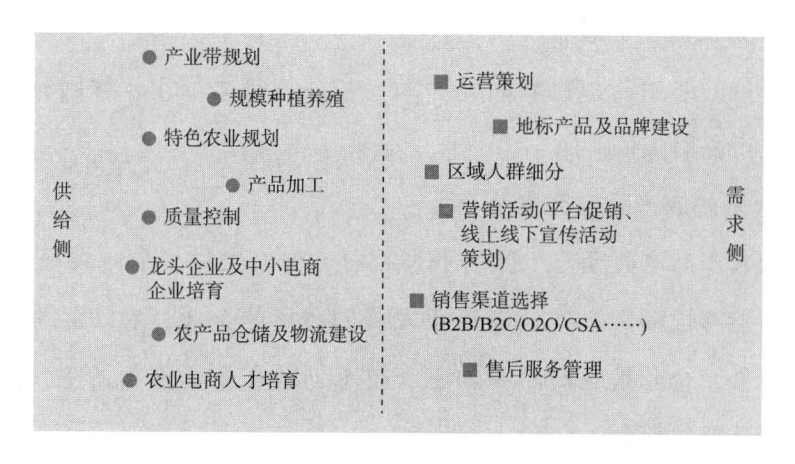

图 9-1 农产品电商的需求侧和供给侧示意图

1. 缺乏农产品电商的产业基础

纵观目前县域农产品电商，如果没有良好的农产品产业基础，没有适合发展电商的品类，发展起来就比较困难。很多地方还在种植传统的小麦、玉米、土豆等粮食作物，当地也没有深加工、精加工的工业基础，这些产品会因为流通问题受阻。单个农户或企业也较难通过电商销售而获得触网的积极性。

2. 农产品规模化生产程度低

有专家戏称，我国电商已经率先进入 21 世纪，但农业还停留在 19 世纪。相比美国、澳大利亚等国家农业规模化发展，我国的农业发展相对落后，组织化、信息化和标准化程度较低，大部分农产品规格不一，生产质量良莠不齐，安全不能保证。

3. 产品规格不统一，质量难把控

农产品不同于 3C 产品和家具、日用品等工业品，可以做到规格、造型和质量上的统一。这种非标品属性容易造成实物和网上描述、想象中的不符，造成消费者不信任感，而这种不信任感会极大阻碍农产品的网络销售量。例如广东著名的清远鸡，在淘宝网搜索有 500 多个条目，但是有规模入驻天猫旗舰店店铺的只有 5 个。这其中，广东天农食品有限公司的凤中凰、凤中凤等清远鸡规模化生产，月销售量能达到 10 000 只以上，喵生鲜清远鸡月销售量达到 500 只以上，其他清远鸡的月成交量加总不到 200 只。

4. 农产品加工程度比较低

目前大多数的原始的、粗放的农产品，会增加物流成本、保险损耗成本，且不利于提高农产品附加值。

5. 缺少大型的农产品电商龙头企业

真正作为农产品电商经营主体的不是政府、种植大户、个体农民，而是企业。如果当地没有能够推动整个产业电商化发展的规模的企业，农产品电商化也是非常艰难的。此外，企业是农产品深加工、技术创新和商业创新的主体，产业化龙头企业承担着重要的使命。

6. 农产品仓储和物流运输成本高

农产品在仓储和物流环节对冷藏、冷冻、包装要求极高，直接导致履单成本居高不下。例如生鲜类商品的物流成本比普通商品物流高出了40%~60%，生鲜产品的仓储和物流损耗高达30%，这也是目前进军农产品电商领域企业普遍亏损的主要原因。

7. 农产品电商人才紧缺

目前我国城乡收入差距大，农村地区生活配套设施不完善，居住环境差，绝大部分中青年都选择外出务工，留下的当地的能从事农产品电商的人才紧缺。

以清远为例，如表9-2所示，在清远农业经营人员中，高中以上学历仅占8.00%，35岁以下青年人仅占15.60%。

表9-2 清远农村经营人才学历结构和年龄结构

学历结构	大专及以上学历	高中	初中	小学	未上过学
	1.00%	7.00%	51.50%	37.30%	3.20%
年龄结构	35岁以下	36~54岁	55岁以上		
	15.60%	51.20%	33.00%		

数据来源：清远市统计局网站。

（四）抓好供给侧改革，夯实农产品电商上行基础

2018年中央一号文件提出，"以农业供给侧结构性改革为主线，加快构建现代农业产业体系、生产体系和经营体系"。所谓"皮之不存毛将焉附？"做好农产品

电商固然要构建好服务体系，迎合前沿商业动态，但农业专业化、组织化和现代化一定要作为核心和关键。

1. 规划农产品产业化发展，实现规模化生产

（1）做好农业产业化发展规划。农产品产业化、规模化生产是农产品地域特色形成、标准统一和技术创新的重要基础。在政府层面，要根据当地自然气候、地形地貌和历史基础、交通情况等规划当地的特色农产品种植和畜牧养殖。

（2）集中打造农产品单品的规模化生产。目前很多地区开始推行的"一镇一业，一村一品"，让地域性农产品规模化生产。现在国家层面已经提出了农村土地流转三权分置的政策，农业保险也在大力推行，这为规模化种植、养殖和生产提供了保障。各地和企业要抓住这个契机，实现农产品的规模化生产。

（3）积极发展乡村旅游、休闲农业等助推农产品电商发展。各地应依托当地的地形地貌、生态资源禀赋优势推进旅游、休闲和农产品电商相融通。挖掘当地的历史文化资源，打造各类现代休闲农业生态旅游园区，通过举办多样的论坛、休闲旅游活动，推进本地特色产品的休闲农业园区的电商化经营。

（4）加大农业创新的支持力度。"品类、品质、品牌"创新是农产品上行的可持续发展动力。各地区应加大龙头企业农业科技投入的奖励，制定相应的农业科技创新人才奖励制度。

2. 推进产品的深加工，提高农产品的附加值

鼓励专业大户、农民合作社、龙头企业等就地发展农产品初加工，对农业初级产品进行加工或者深加工，提高农产品的附加值。以河南某地区种植黄花梨的梨农为例，市场上售价3元左右的黄花梨，农民要栽树苗、浇水、喷药、包梨等，售价仅有0.7元，其他价值都在流通领域。如果做成梨罐头，则每斤售价在10元左右，能极大帮助农民提高收入。

3. 加强农产品质量安全监控

质量安全应是农产品电商发展的重要关注点。在县域层面应积极扶持地区和各类企业申报有机产品、无公害产品，绿色产品认证，加强三品一标和二维码追溯平台的建设和管理，加强农产品、畜牧产品的抽检检测。例如浙江丽水设立了农产品诚信企业的"红黑榜"的公示制度，定期公布农产品质量诚信企业名单和抽检不合格黑名单，推动农业诚信体系建设。在企业层面，应视农产品质量安全为重点任务才能获得可持续发展。

4. 培育各级各类农产品电商企业

农产品电商企业可以分为农业龙头企业、中小农业企业和农产品电商平台业，这三级企业主体要分别进行培育。（1）在培育农业龙头企业方面，可以培育当地的大型农业企业，也可以引进像海升等大型的果汁加工企业，布局本地果品种类，推进当地农产品的科学化生产和管理。（2）建立农产品电商创业孵化基地，将传统的中小农业企业进行培训转型涉网。这部分企业是特色农产品的主要力量。（3）培育农产品电商平台企业。如浙江遂昌的赶街网是一个农产品网络服务平台企业，将农户的特色农产品统一包装后放在网上售卖，让不懂电商、田间的农民也能通过互联网销售自己的产品。

5. 扶持农产品物流运输的发展

首先，农产品电商发展离不开基础交通建设，高速公路、省道以及普通农村乡道要合理设置，为农产品出村提供方便。例如，针对农产品出村的"最后一公里"问题，广东英德市地区做了创新。政府财政补贴在20个农村淘宝村点投入20辆物流配送宣传车，解决农村电商物流配送"最后一公里"问题。其次，建立农产品物流集散地，降低物流成本。在电商产业园或者交通要道附近选址建设并引入大型物流公司进驻。陕西武功县电商产业园区引进了菜鸟、申通、邮政、聚客物流等大型物流公司进驻，不仅有力推动本地农产品电商上行，更整合了西北的农产品资源，突破了本地物产有限的约束。

6. 分类培育当地农产品电商人才

首先，要充分发挥区域高校电商人才聚集的优势。例如，2011年6月广东省职业技术教育示范基地落户清远大学城，规划区面积约265万平方米。目前职教基地有10所职业院校进驻。在进驻的10所职业院校中，7所院校都有专门的电商专业，可以作为清远电商发展的一股巨大的智库和培训基地。建议清远市政府牵头，联合清远市各个区域的电子商务协会、清远市农村电商领头企业、清远市农副产品研究所、清远市社会科学院等各方力量，在清远大学城建立清远农村电子商务科研与培训基地，聚集农村电商的研究和培训师资力量，这将有力地推进清远农村电商人才的培育。

其次,分类进行农产品电商人才培训。县域和乡镇各级干部要抓电商思维培训,通过请专家和走出去到先进县域参观交流学习等方式打通意识层面的问题。对于普通农民,要通过邀请接地气的讲师和本地创业领头人开展普惠的讲座培训。对于已经在运营电商的个人和企业人员要不定期组织运营、美工、设计等专题培训,为更好地推进农村电商服务。对于清远地区的在校大学生,则可以通过建立创新创业中心、众创基地、农村电商运营中心实习等形式充分利用人才资源。

二、构建农村电商联盟资源体探索——以清远市为例[①]

(一)广东省欠发达地区的发展面临人才短缺困境

广东省是全国经济发展的领跑者,生产总值连续31年居全国第一,但省内区域经济发展很不平衡。根据广东省2018年统计年鉴数据显示,2017年广东省生产总值共94 474.83亿元,其中珠三角地区75 710.14亿元,占比80.1%,粤东西北合计18 746.89亿元,占比仅19.9%。目前广东省有全国经济发展百强市7个,但还有贫困县28个,其中全国贫困县3个,有些县域的经济发展甚至不及中西部地区。

表9-3所示为广东省珠三角地区和粤东西北地区经济和居民生活水平差异。

表9-3 广东省珠三角地区和粤东西北地区经济和居民生活水平差异

项目	生产总值/亿元	常驻居民/万人	常驻居民可支配收入/元	常驻居民消费支出/元	年末户籍省内净迁移/人
全省	94 474.83	11 169	28 650	21 055	38 023
珠三角地区	75 710.14	6 150	43 840	34 353	293 122
粤东西北地区	18 746.89	5 018	19 946	15 225	-255 099

数据来源:2018年广东省统计年鉴

广东区域经济社会发展不平衡还表现在人均收入水平、消费便利指数、文化

---
① 文章发表于《清远职业技术学院学报》2020年1月刊

科技教育、基础设施便利度和人文环境等方面。以广州、深圳、佛山、东莞、珠海为主的珠三角地区的经济、社会发展的集聚效应像一个巨大的吸盘，吸走了全国各地，特别是粤东西北地区的人力资本。统计数据显示，2017 年珠三角地区年末户籍省内净迁移 293 122 人，而粤东西北地区省内净迁移 -255 099 人，人力资本在不断流失。

"发展是第一要务，人力是第一资源。"经济发展资金可以倾斜，产业可以转移、扶持，发展方式可以转变，但是人才资源的缺乏才是制约粤东西北地区发展最大的"瓶颈"。

(二) 清远市农村电商发展现状及人才"瓶颈"

互联网时代，农村电商为欠发达地区的经济带来了发展机遇。2012 年开始，全国各地的淘宝村、淘宝镇、淘宝县如雨后春笋般涌现出来。2017—2018 年全国淘宝村以每周新增 20 个的速度增长。目前全国淘宝村达到 3 202 个，淘宝村网店销售额达到 2 200 亿元。国家层面也非常重视农村电商发展，目前全国电商进农村综合示范活动已投入 125 亿元，覆盖 756 个县。陕西武功、浙江遂昌、广东揭阳、吉林通榆、江苏睢宁等县域领先发展出了独特的农村电商模式，电商助推了农村经济实现跨越式发展。

清远地处亚热带地区，位于南岭山脉南侧与珠三角地区结合带上，自然环境优美，被誉为广州后花园。清远物产丰富，有清远鸡、英德红茶、连州大米、乌鬃鹅等知名农副农产品，是粤港澳大湾区菜篮子。清远于 2014 年开始推进发展农村电商。清远市政府和各县级政府非常重视农村电商的发展，先后成立了领导小组，出台了《推动清远农产品电商发展工作方案》《清远市加快电子商务发展的若干政策》《英德省级电子商务进农村综合示范县（市）建设方案》等一系列发展政策。目前，清远为全国第二个推广阿里巴巴"千县万户"农村电商计划的地级市，英德市和清新区被广东省商务厅列为电商进农村综合示范县。清远农村电商的发展业绩受到国家和省里的充分肯定。

然而，比起全国其他农村电商先行地区来看，清远农村电商的发展并不活跃。首先，清远的农村电商主要是靠天农食品公司、积庆里、上茗轩等规模龙头企业推动，普通农户或农业经营单位触网积极性不是很高。其次，清远的农村电商零售主要集中在农副产品，工业制造品的网络销售量相对低。在调研的过程中，很多镇表示本地年轻人基本外出务工，留下来的既懂农业又熟悉互联网的青年人很少，人才缺乏是困扰发展农村电商的最大"瓶颈"。

清远的农村电商人才有多紧缺呢？我们将清远农业生产经营人员35岁以下人数和高中以上受教育人数作统计分析，如表9-4所示。

表9-4 清远市农业生产经营人员情况

项目	农业生产经营人员	规模农业生产经营人员（包括本户生产经营人员及雇佣人员）	农业经营单位农业生产经营人员
总数	84.29万人	2.83万人	3.6万人
35岁以下人员数	13.13万人	0.49万人	0.48万人
高中或中专学历占比	7%	10%	17.20%
大专及以上学历占比	1%	1.90%	8.40%
从事种植业占比	89%	42.80%	45.80%

数据来源：清远市统计局第三次人员普查数据公报

根据清远第三次人口普查数据公报我们可以看出，清远农业生产经营人员中有89%从事种植业，35岁以下有13.13万人，占15.6%，高中或中专学历占比7%，而大专及以上学历仅占比1%。规模农业和农业经营单位的农业生产经营人员35岁以下年轻人数量占比仅17%和13%，教育程度也比较低。

互联网是最近几年发展起来的新生事物，"互联网+农村"更是新鲜概念，这需要有受过一定教育的年轻人去尝试创新和开发。作者曾在江苏睢宁东风镇和广东揭阳军埔村调研，从事网络零售生产的和来来往往开着汽车、电动车打包和发货的几乎都是20岁左右的年轻人，他们熟悉互联网、敢创新、有拼劲，是农村电商的活力之源。曾成功打造农村电商吉林通榆模式的云飞鹤舞总经理莫问剑就指出，"人和"是发展县域电商的第一要素，人的重要性要远超于资源与区位本身。清远地区受教育水平高的年轻人的流失是清远农村电商缺乏活力的根本。

如何让粤北的年轻人才回流？清远和珠三角地区属于2小时内交通圈，公路互联，高铁便利，加之现在国家的粤港澳大湾区建设战略，即便是出台较好的人才引进政策和加大人才培育力度，在短时期内也不可能做到人才的大幅回流和聚集。

（三）清远发展农村电商可利用的人力资本

福建仙游县农村电商实践者郑舒文认为，人才是发展农村电商的重要因素，各地规划发展农村电商时，很有必要对农村电商可用人才资源进行一次大普查。对于清远来说，既然短期内不可能做到让珠三角地区人才回流，那么目前可利用的，能引领清远农村电商发展的人才资源有哪些呢？

如表9-5所示，清远市发展农村电商可利用的引领型智力资源可以分为两类。一类是智库资源，包括清远地区高校、中等职业院校、农业研究院等。另一类是实践型人力资本，主要包括省级和市级农业龙头企业，农业生产和流通的社会组织。

表9-5 引领清远农村电商发展的主要智力资源

职业教育院校	高等职业院校（含规划进驻）	中等职业院校
	9所	18所
农业研究院	2个	
农业生产和流通的社会团体	农业经营流通类9个	农业生产类7个
重点龙头企业	市级重点农业龙头企业166个	省级重点农业龙头企业27个

数据来源：清远市统计年鉴、清远政府网站

1. 智库资源

（1）省职教基地高校智库资源。

广东省职教基地2011年选址清远，2013年被列为"珠江三角洲地区九年大跨越"重大建设项目，2014年、2015年、2016年连续三年被列为广东省重点建设项目，目前进驻10所职业院校。清远广东职教基地的建设标志着清远智力资源开始大量汇聚，也标志着清远经济形态开始向高端化、服务化方向转型。

省职教基地目前进驻和规划中的高职院校有9所，其中开设电子商务专业的有7所，涉农生产专业有4所，各高校均开设了电商运营服务专业。加之清远本地的中等职业院校18所，在校学生41 760人，专任教师2 280人，这些高职、中职的教师和学生都可以成为发展农村经济的宝贵资源。

表9-6所示为省职教基地各高校电商类专业开设情况。

表 9-6 省职教基地各高校电商类专业开设情况

院校名称	教师人数/人	在校生人数/人	电商涉农专业	电商销售专业	电商运营服务专业	电商嵌入行业专业
清远职业技术学院	526	12 597	食品质量与安全	电子商务技术	市场营销、移动应用开发	计算机网络技术、旅游管理
广东南华工商职业学院	417	10 618	茶艺与茶叶营销、烹调工艺与营养	电子商务	物流管理、艺术设计、市场营销、移动互联网应用技术	旅游管理、计算机网络技术
岭南职业技术学院	738	17 693	食品营养与检测、食品质量与安全	电子商务	移动互联网、物流管理、市场营销、广告设计与制作、中小企业创业与经营	计算机网络技术
广东碧桂园职业学院	134	1 124		碧桂园社区+农业电商的实训基地	服务管理与餐厅智能技术应用	
广东工程职业技术学院	504	10 463		电子商务	物流管理、商务管理	计算机网络技术
广东科贸职业学院	448	9 246	茶艺与茶叶营销、食品生物技术、食品加工技术、水产养殖技术	电子商务、移动商务	市场营销、视觉传播设计、文化创意与策划	计算机网络技术
广东建设职业技术学院	336	8 249			物流管理	计算机网络技术
广东交通职业技术学院	645	13 638		电子商务	物流管理	移动通信技术、连锁经营管理
广东财贸职业学院	184	2 253		电子商务	大数据技术与应用	互联网金融

数据来源：各高校网站、质量年报

(2) 农业科研院所。

发展农村电商是当下县域经济的时髦热点，很多县域高歌猛进，迅速建立了产业园、孵化中心、电商平台等电商服务体系，发展几年后却落于平平淡淡，很难推进。其实农村电商，特别是农产品电商的根本还在于供给侧。产业规划、质量认证、农业科技创新等供给侧改革做不好，再豪华的服务体系建设也无用。目前推动清远农业生产科技创新的科研院所有 2 所。清远市农业科学研究所主要负责农业规划指导、农业教育培训、农业科技创新和"三品一标"的认证工作。2018 年，广东省社科院设立了清远分院，成立了全产业链科技服务团队，将在打造区域现代农业示范体系和成果转化体系，开展农业科技培训方面起到带动作用。

2. 实践型人力资本

（1）清远农业生产、经营和流通的社会团体组织。

从浙江丽水、遂昌、广东揭阳等地的农村电商发展实践中可以看出，农业生产、流通社会团体犹如润滑剂在农村电商推进中发挥重要角色。例如，曹荣庆（2018）认为遂昌县网店协会依托协会章程、农产品分销平台等渠道对会员在产品定价、产品质量把控、产品标准化建设等方面形成约束，进而形成制度化协调机制以规避无序同业竞争，促进农村电子商务产业集群生态的健康发展。同时，遂昌县网店协会通过提供技术培训、行业信息交流、法律咨询等有价值的选择性激励，拓宽会员服务内容，扩大网店协会自身影响力。广东省揭阳市军埔村电子商务协会在促进淘宝村发展中发挥着谋求主动性集体效率，弥补政府有限理性的积极作用。目前清远农业生产、经营流通的社会团体组织共有 16 个，其中农业经营、流通型社会组织 9 个，农业生产型社会组织 7 个，如表 9-7 所示。

表 9-7 清远农业生产、经营和流通的社会团体组织

农业经营、流通型社会组织9个	农业生产型社会组织7个
清远市茶叶流通行业协会	清远市智慧农业研究院
清远市农业企业家协会	清远市青年发展现代农业促进会
清远市电子商务协会	清远市职业教育学会
清远市快递行业协会	清远市粮食行业协会
清远市物流行业协会	清远市清远鸡行业协会
清远市工业互联网产业协会	清远市山羊养殖行业协会

续表

农业经营、流通型社会组织 9 个	农业生产型社会组织 7 个
清远市质量管理协会	清远市农学会
清远市农产品流通协会	
清远市电子商务发展促进会	

数据来源：清远社会组织信息网

(2) 重点农业龙头企业。

市场经济条件下，真正作为农产品电商经营主体的不是政府、种植大户、个体农民，而是企业。本地产业化龙头企业在本地农村电商发展方面扮演重要角色。除此之外，企业还是农产品深加工、技术创新和商业创新的主体。目前清远共有广东省农业重点龙头企业 27 个，市重点农业龙头企业 166 个，按照第三次农业普查数据，规模以上企业的生产经营人员有 3 万人左右。

(四) 以高校智力资源为引领，推进清远农村电商发展

高校作为智力资源汇聚之地有服务地方经济建设的重要职责。国内外利用高校智库力量引领区域经济发展，实现经济转型也不乏成功案例。例如美国匹兹堡 20 世纪 50－70 年代是世界钢铁中心，称为"钢都"。80 年代美国经济的滞胀导致钢铁工业普遍不景气，出现了经济危机和失业潮。1985 年开始匹兹堡政府，还有匹兹堡的各个大学、民间机构参与公私合作组织，形成发展联盟资源体，以匹兹堡大学和卡内基梅隆大学科技和智力资源为引领，促进产业升级换代，成功实现了发展方式的转型。在国内，江苏苏州工业园区内高校和职业林立，通过产学研融合协同创新为经济发展提供智力资源和人才保障，助力了苏州经济的腾飞。清远市政府高瞻远瞩，将省职教基地引进清远，这不仅将提升清远的文化底蕴，如果能充分激活和利用高校智力资源，必将为清远经济发展带来动力和可持续发展的能力。

清远高校智力资源如何和发展农村电商相对接？目前清远大学城省职教基地占地 33.22 平方千米，位于市中心清城区，并先后投资 40 亿元建立了四纵四横的交通网络。本人认为可以清远大学城省职教基地为据点，建立清远农村电商发展

基地，基地可以汇聚高校资源、科研院所、社会团体和规模龙头企业等，形成发展联盟资源体。具体可以从四个方面构建：

1. 农业生产研发中心

广东科贸职业技术学院、岭南职业技术学院、清远职业技术学院等高职院校开设了食品生物技术、食品加工技术、水产养殖技术、食品质量与安全、食品营养与检测等专业，在农业生产领域有研究基础和人才培育能力。可以这3所高职院牵头，联合广东农业科学院清远分院、清远市农业科学研究所和清远7家农业生产协会、27家广东省重点农业龙头企业建立农业生产研发中心、农业科技创新中心和质量安全监控中心。

2. 农村电商人才培育中心

省职教基地已经进驻的和在建的高校中有7所设立了电子商务专业，5所开设了物流移动互联网技术等专业，还有的学校开设了与电子商务运营相关的市场营销、艺术设计、文化创意与策划等专业。充分利用这些学校的师资智力资源可以有效缓解清远农村电子商务师资缺乏等问题。建议以省职教基地为据点，充分利用高校的师资和教学资源，建立农村电子商务人才培训中心。每年将镇级以上主管农村电商的领导、规模以上企业从事电子商务人才、农业经营人才、农村电商服务人员进行分级分类的培训。

3. 农村电商规划、运营服务中心

农村电商规划、运营服务中心功能包含三类：第一类是宏观战略和理论研究服务。科研是高校教师的专长，职教基地教师可以形成团队，承接来自政府、企业的科研课题。第二类是县域、乡镇、企业的农村电商整体发展规划服务，可以项目形式委托。第三类是农产品包装设计、电子商务营销、电商运营、品牌建设、客户服务等电商服务体系建设。省职教基地这些专业的教师和学生都是可以利用的智力资源。

4. 农村电商大学生创业、实习基地

当前，大学生创新创业已经上升到国家战略，几乎每个高校都建立了大学生创新创业中心，积极推进大学生的创新创业教育。省职教基地的学生规模预计为12万人，这批年轻、活力有创新劲头的大学生可以立足清远，成为清远农村电商的创业群体。可以在基地建立一个综合性的大学生创新创业中心，通过实训模拟、企业指导、电商创业大赛等孵化出更多的清远农村电商发展项目，为清远农村电商发展助力。

省职教基地的高职院校以三年学制为主，清远各高校每年毕业生有 2~3 万人，加上中职院校的毕业生，仅论半年短期实习也是不可小觑的人才资源。通过政策导向和激励机制，在清远各县域、乡镇地区建立大学生农村电商定点实习基地和对口帮扶基地，安排学生到各乡镇电商中心、各个涉农企业实习，实现产教融合，助力省职教基地的大学生成为新型农业人才，为农村电商发展和乡村振兴储备人才。

国家实施乡村振兴战略背景下，地方高校有义务为农村经济和社会发展献智献策，充分融入当地经济的发展。清远政府层面应充分认识到省职教基地高校这块庞大智力资源的重要性。如何通过资源调配和政策安排让这些高校更好地为清远地方经济发展服务非常值得探索。如果实施成功，或许可以成为清远发展农村电商的亮点模式。

三、清远市农村电商人才培育研究

2015 年中国农村电商开始进入迅猛发展期，到 2017 年全国农村电商网络零售额已经达到 12 448.8 亿元，较 2015 年增长了 253%。国家和各级地方政府对农村电商的重视达到了前所未有的高度。

目前国内已经总结出浙江遂昌、吉林通榆、陕西武功、广东揭阳、福建莆田等十大农村电商发展模式，意味着发展农村电商有路可循。为了大力推进农村电商的发展，2014 年，阿里巴巴在浙江杭州举行了首届中国县域经济和电子商务峰会，当时有 200 个县长参会，到 2015 年的峰会时已经吸引了 465 个县长参加。越来越多的地方政府把发展农村电商作为推动当地中心工作和实现战略目标的重要手段。

政策支持、物流网络基础建设、地域品牌营销、金融扶持、电商人才培育等都是推动农村电商的重要抓手，其中人才是发展农村电商的重要因素，应该给予充分的重视。《2017年度中国电子商务报告》中指出，农村电商在快速布局、高速增长的同时，电商人才的缺口也在不断扩大，并已成为农村电商进一步发展的"瓶颈"，很多地区农村电商发展由于人才缺乏面临着"有劲使不出"的尴尬局面。中国县域电商综合规划服务商莫问剑在调研了20多个省，100多个县的农村电商发展后总结道，在发展农村电商之势下，有的地区后发制人，做得如火如荼，像模像样，有的地区一腔热情，落实却冷冷清清。人的重要性远超资源与区位本身，"人和"是发展县域电商的第一要素。

（一）农村电商人才分类

汤海明，陆和杰（2018）认为农村电商人才是指"电商新农人"，他们拥有互联网思维，具有较高的文化素质和生产经营水平，以互联网为工具，从事基于"农业＋互联网"的产品生产、经营、流通、服务活动，包括农村个体户、电商企业骨干员工、返乡大学生、农业经理人、成功经商人士和回乡的青年农民等重点群体。魏延安（2017）认为就农村电商而言，有管理型人才、技术型人才、应用型人才、综合型人才，对于整个行业来说，最缺的还是实践操作人才，主要集中在运营推广、美工设计和数据分析三个领域。郑舒文（2017）认为，高素质的农村电商人才培养是农村电商的建设根基。农村电商人才主要分为大学生群体、农民群体、青年致富带头人、政府机构人员、各类农村专业技能能人等。

浙江桐庐县方毅县长指出，农村电商不等同于农民电商。农民是电商的重要主体，但这其中政府、企业、商家、消费者以及认证中心、配送中心、物流中心、金融机构、监管机构等各方面的主体缺一不可，这是一个系统工程。本文从农村电商发展的生态系统视角将农村电商人才定义为：拥有互联网思维，从事农村电商运营活动及服务于农村电商运营和发展的各类人才。总体来说，农村电商人才可以分为三大类：一是直接从事电商的运营活动者，包括农民电商个体户、大学生电商创业者、农村电商企业人员。二是围绕农村电商运营交易活动的服务人才，包括综合运营服务、人员培训、营销推广、品牌策划、金融物流、平台网络服务等从业人员。第三类是推进农村电商发展的管理者，包括各级政府和相关事业单位、综合规划服务商、电子商务协会等人员。

(二) 清远农村电商发展及人才培育状况

1. 清远农村电商发展现状

清远市位于广东省的中北部，粤湘桂三省交界处，毗邻珠三角地区，下辖2区2市4县，是广东省陆地面积最大的地级市，有发展农村电商的先天土壤。首先，清远区位优越，交通便利，素有"三省通衢、北江要塞"之称，位于珠三角地区"一小时生活圈"内。清远市距省会城市广州约50千米，距新白云机场约30千米，距香港、澳门约200千米。清远境内有京珠、广清及清连高速公路，国道106线、107线、323线，京广铁路、武广客运快线，大、小北江航道，组成了四通八达的水陆交通网络，物流较为便利。其次，清远市是广东省农业大市，主要的农业生产地，基本农田约374万亩，农业户籍人口288.9万人，占清远市户籍总人口的70.5%，农业生产在全市国民经济发展中占据重要地位。最后，清远地处亚热带地区，拥有得天独厚的天然环境，地域农产品十分丰富，清远市的清远鸡、乌鬃鹅，清新的骆坑笋、砂糖橘，连南的猴头菇、无花果，连州大米和水晶梨，英德红茶等都是清远地区的名优特产。

2014年是清远农村电商的发展元年。2014年12月，清远与阿里巴巴达成合作，成为全国第二个推广阿里巴巴"千县万户"农村电商计划的地级市。2015年5月，清远市政府成立了由市长和各区（县）长为主要领导的电商工作小组，随后相继印发了《推动清远农产品电商发展工作方案》《清远市加快电子商务发展的若干政策》《清远市发展电子商务金融支持方案》《清远市关于大力发展电子商务加快培育经济新动力实施意见的通知》等政策文件，有了这些战略规划、政策安排和资源扶持，清远的农村电商发展驶入快车道。

2017年，清远市电子商务总交易额超过140亿元，同比增长18%，其中农村电商服务网络实现交易额超过8亿元，同比增长40%。全市农产品网络销售额超过3.3亿元，同比增长43%。目前清远建成了广东省覆盖面积最大的农村电商服务网络。截至2017年年底，清远先后创建了3个国家级电子商务示范县、5个省级电子商务示范基地、6个市级电子商务示范基地、2个国家级及省级电子商务科技创业创新示范基地，培育了5家省级电子商务示范企业。其中阳山县被评为"广东省农村电子商务示范基地""市农村电子商务示范基地""全国农村电子商务示范县";英德市荣获了"广东县域电商创新县"称号,已逐步探索出农村电商发展的"英德模式"。

虽然清远农村电商取得了一些成绩,但由于发展时间短,一直在摸索中前行,还存在物流和网络基础设施不完善,发展资金和电商人才短缺,缺乏农村电商平台,农产品品牌建设和质量监督管理不足等诸多问题。

2. 清远农村电商人才培育情况

根据阿里巴巴研究院发布的《县域电子商务人才研究微报告》,未来两年内,县域网商对电商人才的需求超过200万人。《2016年中国电子商务发展报告》指出,传统农民改变难度大,农村电商人才缺乏,农村电商人才流失,原有人才培训体系不足,高校人才培养力度不足等是农村电商人才的普遍问题。清远农村电商发展过程中也存在同样的问题。

首先,清远农民的文化层次不高,缺乏青年农业经营人才。

如表9-2所示,在清远农业经营人员中,高中及以上学历仅占8.00%,35岁以下青年人仅占比15.60%。"互联网+农村"对于很多农民来说是一个非常新鲜的概念,年轻人对于新事物的接受能力普遍较强。清远农村有一定文化程度的青年人才缺乏说明了农村电商发展主体的后劲不足。

其次,现有人才培训体系不足。2015年各县域开始农村电商的培训,取得了一些成绩。例如清远各县区11所中职院校陆续开设了电子商务专业。阳山县的阳农网平台设置了电商学院,上传了京东、淘宝和微信开店的课程视频。英德市电商创业协会免费为学员提供课室和电脑,提供免费的培训。英德市职业技术学校与淘宝大学签订CETC(电子商务人才能力认证)项目合作协议。

但是从培训情况来看,主要有三个问题。第一,在可持续性上,2015年各地区开始抓农村电商时期,培训如火如荼,到2017年转入平淡期。清远各地区的政府网站农村电商相关新闻报道大部分属2015—2016年,2017年至今则明显偏少。阳山县在阳农网上设立的网络电商学院,2016年之后培训内容再无更新。清远市农村电商培训服务商网站也仅更新至2016年12月。第二,各地区农村电商培训力量分散,培训机构不专业,缺乏有实力的培训主导力量。例如各地区的培训机构有妇联、团委、各大职业院校、电子商务协会或者电子商务服务公司,力量较为分散,没有形成专业化的培训讲师团队。第三,从培训的课程来看,大多数培训课程止步于理论灌输,内容和形式比较陈旧,受众人群差异大,缺乏系统的分层培训。

最后,清远职业教育农村电商人才培养力度不足。2017年清远本地有高职院校1所,中职院校17所,其中11所职校开设了电子商务专业,为培育清远本地农村电商人才做出了贡献,但现有的在校生人数和课程内容层次对清远农村电商的发展来说远远不够。

(三) 农村电商先进示范区的人才培育经验

目前中国农村电商的发展模式可总结为政府驱动模式、服务商驱动模式、网商驱动模式和产业驱动模式等,先行发展区域的发展经验使其他地区有发展路径可循,农村电商人才培育方面的经验也值得参考。本文将各地区的农村电商人才培养经验进行了总结,如表9-8所示。

表9-8 各地区的农村电商人才培养经验

地区	农村电商人才培养经验
浙江遂昌	请进来和走出去相结合方式培育农村电商引领者,再影响其他人
陕西武功	分级分类,多种形式推进农村电商人才培育
广东军埔村	利用高校资源,联合建立农村电商人才培训和实践基地
江苏宿迁	发放务农创业券,免费培训应届毕业生
浙江丽水	打造"丽水网上之家"交流平台,组建农村电商联盟。实行培训见习和一对一孵化政策

(1) 浙江遂昌政府认为,遂昌的区位无法让乡村比城市更吸引人,以长期留住技术人才,所以要培训更多能深入农村,让农产品变成网货的本地人才。首先,要紧抓各级干部的电商思维,让他们参与到农村电商工作中来。其次,经常举办开设网店和微店的短期培训班,手把手教农民开网店,鼓励农民多开网店。最后,把县里网店销售较好的人员集中起来,用请进来和走出去的方式促使他们接受先进的理念,然后请这些人来做平台服务方面的工作,做农村电商引领者,再影响

其他人。

（2）陕西武功县坚持从培训入手，培育全民电商意识。在本地农村电商人才培育方面，从三个步骤进行。首先，举办电商方面讲座，普及电商思维和知识。其次，与省电商协会组建"陕西省电子商务武功培训基地"，引进和培养电商专业技术人才；和阿里巴巴淘宝大学建立武功培训基地，广泛开展电商创业精英培训，培育电商创业带头人。最后，定期组织生产企业、电商企业、专家学者等举办电商沙龙，充分交流解决问题。

（3）广东军埔村建立了专门的培训中心。培训分为普惠型培训和精英型培训。普惠培训课程接地气，主要面向基础为零的老百姓提供培训，培训大概20天的时间，培训的内容都是网点实操的实战型课程，学完之后就可以成立网店了。精英培训责任是不定期组织运营、美工、设计等专题的电商精英培训班，教大家如何更好开一家店。

军埔村和揭阳职业技术学院合作建立了电商创业创新学院，把所有电商实战培训的内容都搬在了军埔村，所有电商学生分为美工、运营、技术等不同方向，分配组织到军埔村驻点学习。

（4）江苏省宿迁市坚持"电商强农"，利用江苏农民培训学院大力培育农村电商人才。针对地方发展不平衡，开展"一村一品一店"培训，培训对象以全市各乡镇分管负责人、行政村负责人、大学生村官、网店经理等人员为主，覆盖全市各个乡镇，分期进行培训。针对农村电商人才不足，进行走进校园，发放青年人才务农创业券，招收本地应届毕业生，进行15天的免费培训。

（5）浙江丽水将农村电商人才培育作为主要工作来抓。首先，打造"丽水农村电子商务服务中心"，分创业基础班、电商精英班和政企宣讲班进行培训。其次，通过召开年会、日常交流、专题培训等方式打造"丽水网上之家"，进行资源共享、信息互通、抱团发展。全市建立了电商联盟15个，电商网、QQ群等组织服务平台20个。最后，丽水实施了万名网上培育工程，广泛开展培训见习和集体孵化，为了提高培训的转化率，丽水出台了见习政策。一方面在规模网商中建立电商创业实习基地，对于参加初创培训班后的学员，推荐到实习基地开展2~3个月的实习。另一方面，服务中心建立了培育孵化中心，对于初创业者可以直接在中心边学习、边创业，接受创业导师的一对一辅导。

(四) 清远市农村电商人才发展建议

1. 建立人才培训基地，打造本地区农村电商师资培训团队

(1) 要充分发挥省职教基地的电商人才聚集优势。2011 年 6 月广东省职业技术教育示范基地落户清远大学城，规划区面积约 265 万平方米。目前职教基地有 10 所职业院校进驻。在进驻的 10 所职业院校中，清远职业技术学院、广东南华职业技术学院、广东岭南职业技术学院、清远工贸职业技术学校、广东财政职业技术学校、广东工程职业学院、广东科贸职业学院等 7 所院校都有专门的电商专业。可以作为清远电商发展的一股巨大的智库和培训基地。建议清远市政府牵头，联合清远市各个区域的电子商务协会、清远市农村电子商务领头企业、清远市农副产品研究所、清远市社会科学院等各方力量，在清远大学城建立清远农村电子商务科研与培训基地，聚集农村电商的研究和培训师资力量，这将有力地推进清远农村电商人才的培育。

(2) 以乡镇为单位建立专门的农村电商培训基地及实训实习基地。专门农村电商培训中心的建立可解决本地培训机构混乱、师资力量难以聚集、农民不信任的问题，有利于培训更深入地进行，也有利于更好地把握本地农村电商的培训情况。专门的实训实习基地对接本地大中专院校电商专业方面学生，让学生深入了解农村，实践接触农村电商，也为本地吸引和储备大学生村官和农村电商领军人才做铺垫。

2. 分级分类进行农村电商人才的培育

(1) 各地区应进行农村电商人才大普查。人才普查可以帮助各地区全面掌握可用的农村电商人才状况，为制定人才培育规划提供科学化依据。人才普查应根据人才的内涵分类别进行，全面掌握本地区农村电商政府主管部门人才，农村电商个体户，电商企业人才，农村电商服务人才，大中专院校电子商务专业的教师、学生、活跃于各协会的电商人才的数量和基本情况。

(2) 根据农村电商人才的不同，定期分级分类进行培训。政府单位的农村电商领域各级干部要抓电商思维培训，通过请专家和走出去到先进县域参观交流学习等方式打通意识层面的问题。对于普通农民，要通过邀请接地气的讲师和本地创业领头人开展普惠的讲座培训。对于已经在运营电商的个人和企业人员要不定期组织运营、美工、设计等专题培训，为更好地推进农村电商服务。对于清远地区的在校大学生，则可以通过建立创新创业中心，众创基地、农村电商运营中心实习等形式将促使理论和实践相结合。各地区可根据实际情况，将分级分类培训综合推进。

3. 优化培训课程，推进培训的各种形式

郑舒文（2017）认为，培训机构不专业、培训方式改良和受众人群差异大是做好农村电商人才培训需要翻越的三座大山。除了建立农村电商培训基地，培育各类专业的讲师团队以外，还要根据受众人群的差异改良各种培训方式。例如通过固定日期举办讲座和沙龙，把发展农村电商的意识氛围建立起来；举办短期培训班让创业意向人员在短期内可以掌握电商运营基础知识把网店开起来；举办长期培训班，深入细致地讲解电商促销手段、店铺的装修与设计；举办专门的设计、运营、物流、客服等专业技能培训班培训已加入或者有意向加入农村电商的企业人员或者大学生。

除了规定的培训课程以外还应注重多种形式的推进学习效果。例如将课程学习和走出去参观交流结合起来，将课堂学习和课后顾问指导结合起来；在各地区举行电商先进人物评选或者创业大赛活动；引进广东省电商人才考评体系，淘宝大学 CETC（电子商务人才能力认证）项目，通过颁发电子商务师证书等形式加大农村电商人才培养。

农村电商的培训目标是要培训出既懂电商又了解农村的新式农民，所以除了电商以外，课程还要与农村科技、农业实用技术、各县政策以及致富信息相结合。

4. 建立农村电商网络交流学习平台

在搭建农村电商培训基地的基础上，由基地管理部门或者清远电子商务协会建立专门的农村电子商务网络学习和交流平台，方便人们通过网络和手机学习农村电商方面的专业知识，进行信息的充分共享和交流。网络学习平台应该涵盖清远农村电商扶持政策、各大平台的运营讲座视频、清远市农村现状及地域特产状况、各级主管部门的交流通道、创业致富信息、各类电商评选及电商创业大赛信息等。平台还应分地区设立农村电商人才交流版块，让各种问题、心得、经验通过网络充分交流、共享。

5. 定期评估培训效果

政府农村电子商务管理部门应组织或者委托电子商务协会、培训中心或者其他机构部门以年为周期收集本地区年度电商人才培育状况，建立考核评价体系，对各地区培训效果进行评估。例如在培训软硬件设施增量方面，调查各地区培训中心场地、硬件设施、培训的人次、教师团队人数、培训课程满意度等。在培训效果方面，调查经培训人员网上创业实际人数，设计、客服等从业增长人数，培训学历大学生人数，电子商务相关认证证书获得人数，政府的管理水平，各地区电商相关人才交流状况等。通过收集这些数据，分析评估，及时总结经验，调整培训活动。

参考文献

参考文献

[1] 盛振中,陈亮,张瑞东. 2013年中国县域电子商务发展指数报告[R]. 阿里研究中心,2014.

[2] 许婵,吕斌,文天祚. 基于电子商务的县域就地城镇化与农村发展新模式研究[J]. 国际城市规划,2015(11).

[3] 李琪,唐跃桓,任小静. 电子商务发展、空间溢出与农民收入增长[J]. 农业技术经济,2019(4).

[4] 阿里巴巴研究院. 互联网+县域:一本书读懂县域电商[M]. 北京:中国工信出版集团,2016.

[5] 赵文明. 农村电商的延安是如何炼成的[M]. 北京:中国工信出版集团,2016.

[6] 魏延安. 农产品上行运营策略与案例[M]. 北京:中国工信出版集团,2018.

[7] 沈怡宁. 农村电商发展现状及增收效应影响因素研究——基于浙江省桐乡市"淘宝村"的实证分析[J]. 福建茶叶,2019(10).

[8] 朱红恒. 农业生产、非农就业对农村居民收入影响的实证分析[J]. 农业技术经济,2008(10).

[9] 雷兵,刘蒙蒙. 农村电子商务产业集群的形成机制[J]. 科技管理研究,2017(11).

[10] 魏延安. 农村电商—互联网+三农案例与模式[M]. 北京:中国工信出版集团,2017.

[11] 莫问剑,金苗妙. 上山下乡又一年,县域电商就该这么干[M]. 北京:中国工信出版集团,2016.

[12] 中国电子商务研究中心. 2017年度中国电子商务报告[EB/OL]. http://www.100ec.cn/zt/2017bg/2018-7-11.

[13] 汤海明,陆和杰. "新农人"电子商务培训模式的路径选择[J]. 高等继续教育学报,2018(2).

[14] 郑舒文,吴海瑞,柳枝. 农村电商运营实践[M]. 北京:中国工信出版集团,2017.

[15] 中国电子商务研究中心. 2016年度中国电子商务报告[EB/OL]. http://www.100ec.cn/zt/2017bg/2017-5-29.

[16] 袁权,梁艳. 农村电商应用型人才培养模式探析——以江苏省宿迁市为例[J]. 安徽农业科学,2017(25).

[17] 赵亮. 农村电商发展中人才短缺问题的思考和对策[J]. 统计与管理,2017(9).

[18] 王惟. 经济新常态下广东区域经济发展差异及其影响因素的实证研究[D]. 济南:济南大学,2019(6).

[19] 陈少平. 广东揭阳市农村电子商务发展现状问题及应对策略研究[D]. 广州:华南农业大学.2018(6).

[20] 张作丹,叶卫红,舒源. 广东农村电商发展存在的主要问题及政策建议[J]. 南方农村,2019(1).

[21] 肖开红,雷兵,钟镇. 中国涉农电子商务政策的演进——基于2001—2018年国家层面政策文本的计量分析[J]. 电子政务,2019(11).

[22] 罗红恩,江蕊,叶勇. 安徽省农村电子商务竞争力评价[J]. 西北师范大学学报.2019(1).

[23] 穆燕鸿,王杜春. 黑龙江省农村电子商务发展水平测度实证分析——以15个农村电子商务综合示范县为例[J]. 江苏农业科学,2016(5).

[24] 中共英德市委宣传部,英德市经济和信息化局. 英德梦圆物联网[M]. 清远:英德市第一中学印刷,2017(4).

[25] 中共英德市委宣传部,英德市经济和信息化局. 英德梦圆物联网(二)[M]. 清远:英德市第一中学印刷,2021.

[26] 刘华琼. 实施乡村振兴战略下的农村电子商务发展研究[M]. 北京:中国水利水电出版社,2020.

[27] 梅燕,蒋雨清. 农村电商产业集群驱动区域经济发展协同效应及机制[M]. 杭州:浙江大学出版社,2021.

[28] 邵明. 乡村振兴与农村电商发展[M]. 北京:化学工业出版社,2018.

[29] 梅燕. 中国农村电子商务发展路径选择与模式优化[M]. 杭州:浙江大学出版社,2021.

[30] 李孜. 农村电商崛起-从县域电商服务到在线城镇化[M]. 北京:电子工业出

版社,2016.

[31] 顾天竹,刘浩,姜鸿运. 中国城镇化与产业结构变迁研究[J]. 江苏理工学院学报,2020(6).

[32] 胡柳波,谭颖,曹雨,李文秀. 基于灰色预测的遂昌县农业电子商务发展对经济增长的贡献研究[J]. 物流工程与管理,2017(7).

[33] 阿里巴巴研究院. 2020中国淘宝村研究报告[R]. 2020年9月.

[34] 广东省统计局. 广东省统计年鉴2020[EB/OL]. http://stats.gd.gov.cn/gdtjnj/.

[35] 王蓓. 电子商务发展对经济增长作用路径的实证分析[J]. 商业经济研究,2017(17).

[36] 张俊英,郭凯歌,唐红涛. 电子商务发展空间溢出与经济增长——基于中国地级市的经验证据[J]. 财经科学,2019(3).

[37] 陈刚,吴清,刘书安. 广东省贫困村空间分布特征及致贫因子[J]. 开发研究,2020(3).

[38] 张鸿,刘修征,郝添磊,等. 三产融合背景下农村电子商务发展研究——基于层次分析法熵值法的综合评价模型[J]. 江苏农业科学,2019(5).

附件一　英德市农村电子商务情况调研

调研地点：英德市农村电子商务产业园

调研对象：产业园和丰农业 钟文 董事长

英德市工业和信息化局 涂志坚 副局长

2014 年开始做农村电子商务，2015 年和阿里巴巴签协议，开始搞产业园。阿里巴巴在清远建立了 241 个村级淘宝服务站，目前要建 20 家天猫优品服务站。

英德市农产品电子商务

一、优势与特色

1. 电子商务聚集——农村电子商务产业园包括企业孵化、农民培训等。

2. 即送网可以做到在网上下单，半小时内送货，目前已经有 6 万人的使用率。方便市民出行，并且将便利下沉到镇一级，真正给农民带来便利。

3. 物流的村级布点。英德市共有 24 个乡镇，299 个自然村，目前有 241 个村级服务站，打通了物流。

目前英德市还没有淘宝村，希望将西牛、美村、望埠重点打造成了淘宝村。西牛主要产麻竹笋，有 50 万亩的种植田。以前出口日本的麻竹笋 75% 来自英德市，广东的麻竹笋 95% 来自英德市，其年产值达 6 000 万美元。

4. 人才培训。

英德市的电子商务人才培训主要由英德职业技术学院承接，有 2 个班，目前已经毕业。并且和阿里巴巴对接电子商务人才认证。短期培训中第一次为期 3～5 天的初级培训课程全部免费，主要由产业园对接。

2019 年 7 月 3 日，英德市举办了农村电子商务大讲堂，将英德市各级政府人员召集起来培训，通过视频会议转播，共有 3 000 人受益。目前各镇农村淘宝服务站的大中专毕业生占了 70%。

南华工商职业学院可以和英德职业技术学院合作，通过中专升大专的方式，合作电子商务的师资培训。

二、存在的问题

1. 英德市深加工企业不多，英德市的农产品需要到佛山、南海等地区加工，成本较高。如产业园的产品包装加工需要50多条生产线。

2. 产业园有产品600多种，但只上架200多种，因为缺乏产品的标准和质量认证，有职业打假人投诉，应提高农产品质量，增多农产品上架。

3. 农产品加工，存在质量标准难以控制、认证难以通过的问题。

4. 农村的物流还需要整合，拟在三科农贸城准备建立农产品物流产业园。目前农产品发货价3块钱一公斤[①]，准备和快递企业谈，将物流成本降低到1元左右。

---

① 1公斤=1 000克。

附件二　英德市果康源农场电商情况访谈

调研地点：果康源农场

调研对象：果康源生态农业有限公司　宋勇辉　董事长

一、黄皮果销售（包装、物流改进）的历史情况。

2013年10月在淘宝网销售英德红茶（天猫店要求有几十万亩，才能成立天猫店），由于技术不懂，品种不行（茶叶不出名），销售很难，每天只有1~2单，第一年失败了。

1. 开始销售黄皮果，地头4元/斤，销售价格20元/斤，快递选择EMS，到北京36元/公斤，而顺丰50元/公斤，采用泡沫纸包装，通常会压扁，导致赔偿。

2. 包装改造：泡沫箱+纸箱（没有压扁，但会闷黄，天热更甚）。

3. 使用冰袋，将水果冻硬，到北京可以，但到二三线城市有问题，冰袋会发烫，使用EMS的赔偿复杂，且周六、周日不派送，转快递公司为顺丰公司，2014年可以48小时送达。

4. 2014—2015年，泡沫箱不准上飞机，将包装改为果篮，通风透气，采摘时间以前为下午4:00，水果比较热，改进为早上7:00采摘。

5. 2016年参加农业局培训，学习到：水果采摘后，温度高，呼吸作用比较强，加强冷库建设，将温度降为4~6摄氏度，降低呼吸作用。此外，还用真空袋，将水果进行固定。

6. 克服黄皮果的供应周期过短。按照成熟期（4~7月）先后的产地是：高州（4月底）——从化——英德——韶关（产区0.5~1小时交通路程），为了降低物流费用，由政府出面与顺丰沟通，将快递费用降8折，同时还补贴1折。

7. 黄皮果的整体费用：5斤售卖108元，其中10元为优惠，包装费8元/件，顺丰快递费：65元×0.7（七折）=45.5元，人工费5元，黄皮果8元/斤×5=40元，合计98.5元。

8. 总结：黄皮果为广东广西的特色水果（2019年售卖10万斤）。只有想方设法减少运输途中损耗，降低物流成本才能很好地占领市场，如杨桃。

冰袋　　　　　　　　　　真空包装、固定水果

先放冰袋，然后放入泡沫箱　　　然后用纸箱包装

二、地瓜干：每年销售60万斤。

特点：土白蜜、糖度高、金黄色。

产地：沙口镇。

以前由农户先煮，自己凉晒。

存在问题：时间长，苍蝇多，天气不好时，发黑、发酸。

改进工艺：烘焙（模仿自然晾干，3次烘干，这样才能松软）。

地瓜干有两种：

1. 保质期12个月。品类：蜜饯类。

2. 保质期30天（不含防腐剂）农家红薯干。品类：果脯类。

三、阿里巴巴农村淘宝：几乎无法进行，只能上行（工业品进村），下行困难（农产品进城）。

附件三 粤东西北电子商务进农村示范县（市）各项指标数据

一级目标		产业经济基础			物流建设			人才培养			政策支持		产业集聚			品牌效应			网络购销规模	
二级目标 项目		年度GDP/亿元	社会零售总额/元	农业产值/亿元	公路密度[km·(100 km)⁻¹]	村级电商服务站个数/个	年末户籍人口/人	中职以上学校在校生人数/人	农村电子商务年度培训人次	政府政策支持个数/个	政府年度财政支持金额/万元	市级及以上龙头企业数量/个	电商物流产业园数量/个	淘宝村镇数量/个	广东省区域公共品牌/个	省名牌农产品数量/个	人均GDP/元	农产品网络零售额/亿元	县域电子商务交易额/亿元
梅州市	五华县	155.67	889 101	86.24	111.5	72.5	1 524 090	1 279	11 383	20	3 868	8	4	1	2	19	14 253	3.7	28.76
	大埔县	84.69	512 043	48.03	134.3	74.3	564 655	3 000	4 947	11	1 500	15	2	1	0	16	23 098	3.44	21.79
	兴宁市	174	1 079 868	96.72	139.3	51	1 183 154	2 000	10 142	4	1 500	7	3	0	4	14	17 604	20.68	36.25
	丰顺县	108.08	600 093	44.3	139.8	74	739 547	1 353	7 800	8	1 500	5	2	0	1	5	21 830	—	19.94
河源市	和平县	126	404 212	64.85	106.1	88.4	560 648	2 000	7 463	9	2 000	4	2	0	2	3	30 793	1.57	12.17
	紫金县	145	551 014	84	105	71.7	855 281	2 400	7 070	6	1 500	5	2	0	2	22	20 935	—	—
汕头市	南澳县	29.32	201 889	16.06	103	71	76 248		3 000	1	2 000	0	1	0	0	0	46 889	1.47	1.78
揭阳市	普宁市	629.29	3 431 404	353.9	159	76	2 474 422	14 420	15 000	4	1 650	2	7	18	1	4	29 674	12	460
汕尾市	海丰县	338.32	1 456 150	157.2	101	57.4	854 689	2 061	8 500	6	2 000	7	2	5	1	11	44 494	—	64
	陆河县	85.67	361 388	45.37	162.72	64	354 863	2 015	5 627	3	1 500	3	2	1	1	2	29 153	—	—

续表

一级目标		产业经济基础			物流建设		人才培养			政策支持		产业集聚			品牌效应		网络购销规模		
二级目标 项目		年度GDP/亿元	社会零售总额/元	农业产值/亿元	公路密度[km·100(km)⁻¹]	村级电商服务站个数/个	年末户籍人口/人	中职以上学校在校生人数/人	农村电子商务年度培训人次	政府政策支持个数/个	政府年度财政支持金额/万元	市级及以上龙头企业数量/个	电商物流产业园数量/个	淘宝村镇数量/个	广东省区域公共品牌/个	广东省名牌农产品数量/个	人均GDP/元	农产品网络零售额/亿元	县域电子商务交易额/亿元
惠州市	惠东县	626.28	3 989 569	368.6	163	50	891 378	2 848	5 000	3	1 500	7	2	6	0	16	66 615	—	—
韶关市	龙门县	166.41	583 644	66.51	97.4	71	360 380	1 400	3 680	3	1 500	2		0	3	13	52 693	3	—
	始兴县	77.51	278 162	36.43	94.2	53.1	262 858	1 976	3 156	1	1 500	7	2	0	3	29	35 409	0.55	—
	南雄市	113.84	454 121	59.04	128	100	492 227	2 842	5 514	6	1 000	9	2	0	0	7	33 641	2	19
	翁源县	98.79	401 474	56.56	89.5	70.5	420 457	2 610	5 851	5	1 500	3	2	0	2	15	27 615	1.2	1.57
清远市	英德市	326.83	965 597	143.19	120	96.8	1 187 234	4 733	8 800	4	2 700	16	3	0	2	31	33 077	7	28
	佛冈县	126	370 021	56.4	165	53.9	353 002	1 424	2 000	4	1 500	2	2	1	0	7	39 963	1.2	9.45
肇庆市	广宁县	159.94	501 127	57.49	52.4	61.2	589 180	1 400	4 855	4	1 500	2	3	0	1	7	35 861	6.5	5.2
云浮市	罗定市	260.18	1 298 425	134.31	154	60	1 292 822	5 100	3 000	6	2 000	9	2	0	4	11	26 351	—	—
茂名市	高州市	631	2 375 259	298.64	132	45.6	1 832 727	16 659	5 058	3	2 000	17	2	1	4	14	44 449	—	—
	化州市	551.76	2 038 269	287.76	185	60	1 767 052	2 000	5 020	1	1 500	4	1	2	1	16	42 158	2.77	8.2
湛江市	廉江市	493.55	2 865 930	188.92	196	42	1 845 402	1 500	3 291	2	1 500	5	2	1	0	7	32 636	—	—
	遂溪县	375.59	1 349 680	190.34	178	73	1 108 409	2 000	3 000	4	2 000	1		1	0	2	40 349	10.3	—